Die Drahtseile als Schachtförderseile

Von

Dr.-Ing. Alfred Wyszomirski

Mit 30 Textabbildungen

Springer-Verlag Berlin Heidelberg GmbH 1920

ISBN 978-3-662-24178-3 ISBN 978-3-662-26291-7 (eBook)
DOI 10.1007/978-3-662-26291-7

Ursprünglich erschienen bei Julius Springer in Berlin 1920.

Vorwort.

Dieses Buch ist für den Studierenden des Bergbaufaches bestimmt, der in der Regel wenig Zeit hat, sich eingehend mit maschinentechnischen oder mechanischen Problemen zu beschäftigen. Fragen dieser Art, auf die er in der Praxis alsbald stößt, treten während des Studiums bei ihm häufig in den Hintergrund. Nach meinen Erfahrungen gehört hierzu auch das wichtige Förderseil und zwar um so mehr, als es bisher an einem kleinen, leicht verständlichen Buche fehlte, so daß das Studium der Drahtseile und ihrer wichtigsten Eigenschaften im Betriebe langwierig wurde durch das mühsame Zusammentragen aus der neuen Literatur.

Ich habe nun versucht, die wesentlichsten Erscheinungen einschließlich der Schwingungen im Seil unter möglichster Vermeidung schwieriger, mathematischer Betrachtungen zusammenzustellen, so daß auch dem mathematisch weniger geschulten Leser das Verständnis leicht werden wird. Das Buch erhebt keinen Anspruch auf Vollständigkeit. Wenn es aber seinen Zweck, das Interesse und Verständnis für das Förderseil beim Studierenden zu wecken, erreicht, dann wird von selbst seine nützliche Wirkung bis in die Praxis reichen.

A. Wyszomirski.

Inhaltsverzeichnis.

I. Die Konstruktion der Drahtseile.

1. Einleitung.

Eines der wichtigsten Maschinenelemente des Bergmannes ist das Drahtseil. Es ist der Nachfolger der früher ausschließlich verwendeten Aloë- und Hanfseile geworden, die in neuerer Zeit nur noch in Frankreich und Belgien eine größere Verbreitung als Förderseile haben. Infolge des geringeren Preises, des im Verhältnis zur Tragfähigkeit geringeren Gewichtes und ihrer größeren Lebensdauer hat man in den anderen Ländern allmählich den Drahtseilen den Vorzug gegeben. Man hat die genannten Eigenschaften höher eingeschätzt, als das bequeme Arbeiten mit Aloë- oder Hanfseilen, die in der Form von Bandseilen in Verbindung mit dem Bobinenbetrieb einen bequemen Seilausgleich gestatten. Die Nachteile der Drahtseile, das sind ihre größere Steifigkeit und die dadurch notwendigen größeren Trommelabmessungen, wie auch ihre Ungeeignetheit zum Bobinenbetrieb, hat man gern in Kauf genommen.

Auch die Drahtseile stellt man zwar in der Form von Rund- und Bandseilen her. Die letzteren haben aber eine sehr geringe Lebensdauer und, wie noch später gezeigt werden wird, ein höheres Gewicht als die Rundseile, so daß sie nur noch zu speziellen Zwecken, wie z. B. Schachtabteufen, wo die allgemeinen, guten Eigenschaften aller Bandseile ausschlaggebend sind, verwendet werden. Auf die Bandseile soll später noch ausführlicher eingegangen werden. Zunächst mögen die wichtigeren Rundseile behandelt werden.

2. Die Rundseile.

Jedes Drahtseil besteht aus einer mehr oder weniger großen Zahl von Drähten. Mehrere dieser Drähte sind zu einem regelmäßigen Bündel mit früher stets kreisförmigem Querschnitt zusammengefaßt und dann so verwunden, daß jeder Draht die Gestalt einer Schraubenlinie angenommen hat. Dieses Bündel nennt man Litze oder, wenn es als selbständiges Seil verwendet wird, Spiralseil. Man nennt ein Spiralseil seiner Herstellung nach ein einfachgeflochtenes Seil. In der Regel werden aber mehrere solcher Litzen genau wie vorher die einzelnen Drähte noch einmal miteinander verwunden, so daß ein zweifachgeflochtenes Seil entsteht. Die stärksten Seile werden häufig dadurch gebildet, daß zweifachgeflochtene Seile, die dann Stränge heißen, noch ein drittes Mal zu einem dreifachgeflochtenen Seil miteinander verwunden werden.

Mehr wie drei Drähte und ebenso Litzen lassen sich nicht mehr ohne Lücke in der Mitte am Umfang eines Kreises anordnen. Sie müssen daher um eine Einlage, Seele, gewunden werden. Häufig verwendet man als Seelenmaterial einen Strick aus Hanf oder Werg. Eine solche Seele füllt die Lücke zwischen den Drähten und ebenso zwischen den Litzen gut aus. Die verhältnismäßig weiche Bettung der Drähte und Litzen auf Hanf mildert die schädliche Reibung und gegenseitige Abnutzung der Drähte und Litzen, die durch das Arbeiten derselben bei den Dehnungen und Biegungen des Seiles verursacht wird.

Da die Litzen in der Regel schon ziemlich große Abmessungen haben, bleibt zwischen ihnen beim Verwinden zum Seil auch eine ziemlich große Lücke, die von der Seele ausgefüllt werden muß. Als Material für die Seilseele wird daher fast ausschließlich Hanf oder Werg genommen, zumal die Litzen untereinander bei Biegungen des Seiles stärker arbeiten als die Drähte in den Litzen.

Etwas anders liegen die Verhältnisse bei den Litzen. Hier kann die Seele auch bei einer starken Litze sehr geringe Abmessungen erhalten, wenn die Drähte in konzentrischen Lagen angeordnet werden. Man verwendet dann häufig einen einfachen Draht, Kerndraht, aus weichem Eisen. In Frankreich hat man auch Versuche mit Zinkdraht gemacht. Zink als Seelenmaterial hat sich aber nicht bewährt, da es leicht zerdrückt wird.

Man hatte verschiedene Gründe, die Hanfseele durch Metall zu ersetzen. Zunächst kann die Hanfseele dadurch, daß sie Feuchtigkeit aufnimmt, zu einem Rosten des Seiles von innen heraus Anlaß geben. Um dies möglichst zu vermeiden, muß die Hanfseele vor der Verarbeitung gut mit Fett oder Teer getränkt werden.

Weiter muß die Hanfseele, um die nötige Festigkeit zu haben, die bei der Herstellung des Seiles notwendig ist, auch in den Litzen ziemlich große Abmessungen bekommen. Das Seil erhält also einen verhältnismäßig großen Durchmesser. Die größeren Abmessungen des Seiles haben aber bei Trommelmaschinen einen wesentlichen Einfluß auf die Abmessungen der Trommel und damit auf die ganze Maschine. Die stark gefetteten Hanfseelen erhöhen das Eigengewicht des Seiles, ohne zur Tragfähigkeit beizutragen. (Die Hanfseelen nehmen wegen ihrer großen Dehnbarkeit nur einen verschwindend kleinen Teil der Belastung des Seiles auf und dürfen nach den bergpolizeilichen Vorschriften überhaupt nicht als tragendes Material angesehen werden.) Seile, die nur Hanfseelen enthalten, sind daher bei gleichen Abmessungen im Verhältnis zu ihrer Tragfähigkeit etwas schwerer als Seile, deren Litzen Kerndrähte haben, wenn auch die Gewichtsvermehrung nicht so groß ist, daß sie praktisch von wesentlicher Bedeutung ist.

Ferner hat das Seil durch die starken Hanfeinlagen eine geringere Widerstandskraft gegen Querzusammendrückung, es neigt also dazu bei starken Kräften senkrecht zu seiner Achse, wie sie z. B. beim Laufen über eine Seilscheibe oder durch die Mitnehmer der Hunde bei Streckenförderung auftreten, sich zu deformieren.

Der letzte Grund für die Anwendung von Kerndrähten war schließlich der, daß man den Litzen eine von der normalen kreisförmigen abweichende Querschnittsform geben wollte. Die runden Litzen haben den Nachteil zumal, wenn das Seil nur wenig Litzen, meistens sechs, enthält, daß sie dem Seil eine von dem glatten Kreis stark abweichende Querschnittsbegrenzung geben, das Seil also eine wenig glatte Oberfläche erhält. Den Durchmesser des dem Seil umschriebenen Kreises bezeichnet man als Seildurchmesser. Ein Rundlitzenseil nützt von dem zur Verfügung stehenden Kreisquerschnitt nur wenig aus, da außen die großen Lücken zwischen der Kreislinie und den Litzen frei bleiben, und im Innern die starke Hanfseele liegt. Das Verhältnis von tragendem Metallquerschnitt zur ganzen Kreisfläche ist also sehr klein.

Eine Verbesserung dieses Verhältnisses erreicht man durch die Wahl eines anderen Querschnittes für die Litzen. Es haben sich der

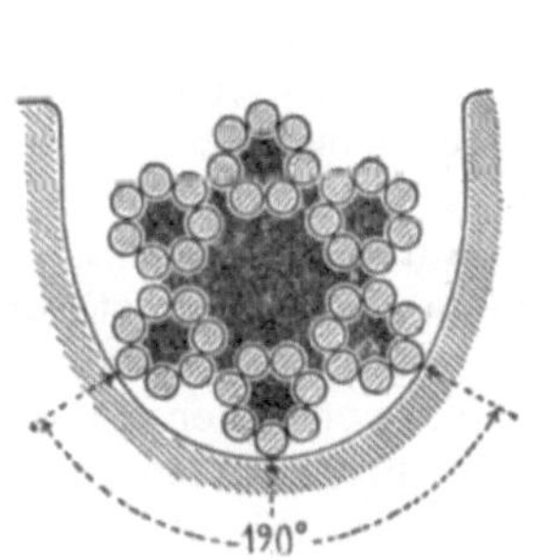

Fig. 1.
Rundlitzenseil mit Hanfseelen.

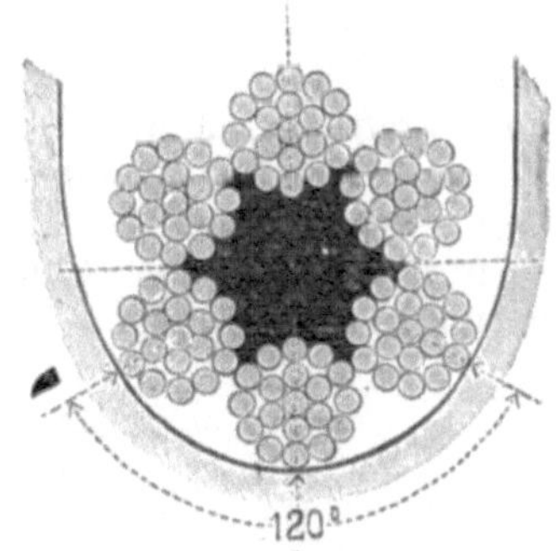

Fig. 2.
Rundlitzenseil mit Kerndrähten.

ellipsenförmige flache und der dreieckige Querschnitt eingebürgert. Die Seile mit ellipsenförmiger Litze heißen Flachlitzen-Seile, die anderen Dreikantlitzen-Seile.

Die Formung des Litzenquerschnittes läßt sich am einfachsten durch einen profilierten Kerndraht erreichen, der bei den flachlitzigen Seilen ein flaches, abgerundetes Band sein muß, und bei den dreikantlitzigen dreieckigen Querschnitt haben muß. Die flachen Litzen lassen sich auch mit Hanfseelen herstellen. Fig. 3 zeigt ein solches Seil der Firma Felten & Guilleaume. Das Seil erhält dadurch einen etwas größeren Durchmesser und wird etwas weniger widerstandsfähig gegen Zusammendrücken.

Die glatte Oberfläche der Seile mit profilierten Litzen bezweckt nicht nur eine bessere Ausnutzung des Seilquerschnittes und damit bei gleicher Tragfähigkeit einen kleineren Seildurchmesser, sondern auch eine bessere Lagerung des Seiles in der Rinne der Seilscheibe und auf der Trommel. Fig. 1 bis 5 zeigen die Querschnitte der besprochenen Seilkonstruktionen. Die runden Litzen können die Seilscheibe nur mit einem Draht berühren, während sich der Anpressungsdruck bei den profilierten Litzen auf mehrere Drähte verteilt. Bei den letzteren ist daher der Druck, der auf einen Draht entfällt, geringer und ebenso also auch die Abnutzung durch äußere Reibung.

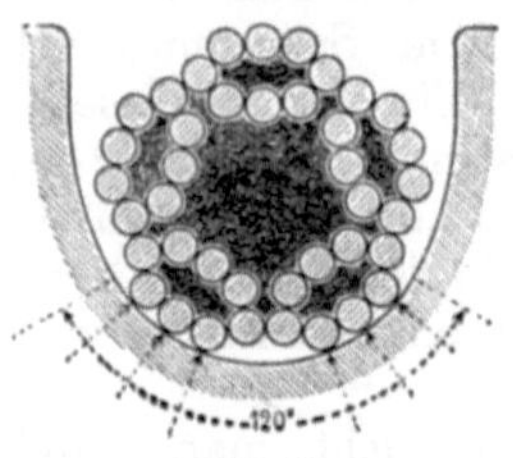

Fig. 3.
Flachlitzenseil mit Hanfseelen.

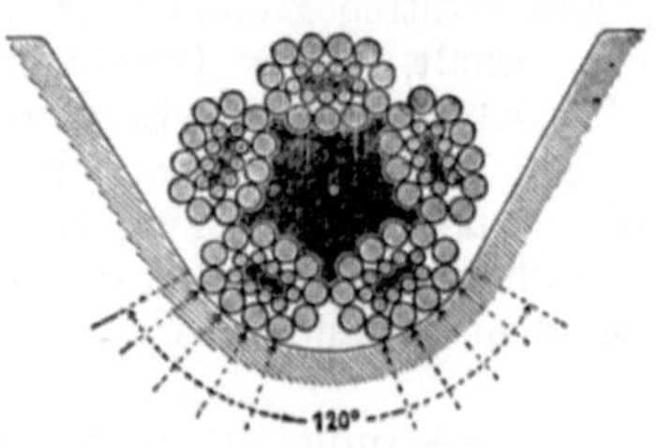

Fig 4.
Flachlitzenseil mit Kerndrähten.

Bei runden Litzen kann dieser äußere Verschleiß verhältnismäßig rasch zur Ausbildung unangenehmer Scheuerstellen führen und damit zum Bruch einzelner Drähte. Um diesen zu verhüten, ist man gezwungen, die Drähte kräftiger zu wählen, wodurch aber das Seil steifer wird. Bei gleicher Drahtstärke bedingt der äußere Verschleiß verschiedene Lebensdauer beider Seile.

Ähnlich reiben sich die Rundlitzenseile auf Trommeln, auf denen sich die einzelnen Windungen dicht nebeneinander legen, stärker aneinander. Die Windungen können sich zeitweise ineinander verhaken und dadurch einzelne Drähte herausreißen oder zum Bruch bringen.

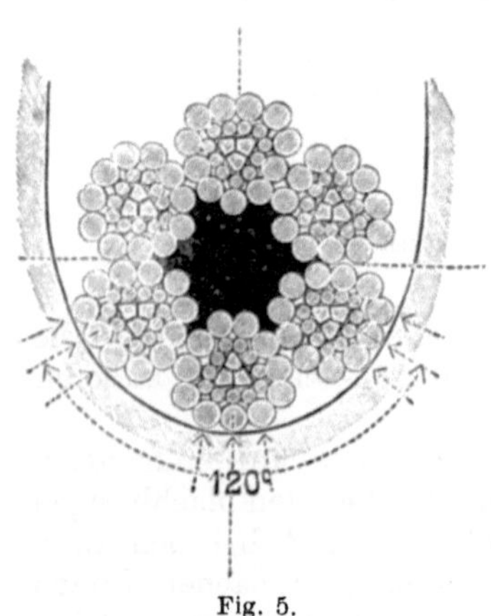

Fig. 5.
Dreikantlitzenseil.

Auch bezüglich des inneren Verschleißes durch die gegenseitige Reibung der Litzen liegen die Verhältnisse ähnlich. Bei Rundlitzenseilen berühren sich die Litzen in einem Querschnitt nur in einzelnen Punkten, während sich bei den profilierten Litzen die Berührung auf mehrere Drähte erstreckt.

Gegen die Verwendung von Kerndrähten sind anfangs eine Reihe von Bedenken angeführt worden. So wird der Verschleiß innerhalb einer Litze größer sein als bei Hanfseelen. Das Arbeiten des Seiles innerhalb der Litze ist aber nicht so groß, wie das der Litzen gegeneinander, so daß dieser Nachteil nicht von wesentlicher Bedeutung ist.

Ferner wird ein Seil durch die dichte Lagerung der Drähte und durch die Kerndrähte selbst ohne Zweifel steifer. Bei der Konstruktion der Dreikantlitzenseile ist dem bis zu einem gewissen Grade Rechnung getragen, indem der dreieckige Kerndraht dreimal unterteilt worden ist, also selbst wieder eine Litze bildet. Den ungünstigen Einfluß der Kerndrähte auf die elastischen Eigenschaften des Seiles erkennt man durch folgende Überlegung.

Die größere Biegsamkeit und Dehnung des Drahtseiles gegenüber der festen Stange hat zwei Ursachen. In geringerem Maße wird sie durch die Unterteilung des tragenden Materials in einzelne Drähte hervorgerufen und die dadurch erreichte teilweise Aufhebung der Schubkräfte. Daß die Unterteilung aber nicht genügt, um die elastischen Eigenschaften des Seiles zu erklären, sieht man ohne weiteres ein, wenn man sich ein Bündel gerader Drähte vorstellt. Eine größere Biegsamkeit gegenüber der festen Stange wird dieses Bündel aus dem oben angegebenen Grunde sicher haben. Allerdings würden die Drähte sich bei der Biegung des Seiles spreizen, sich also aus dem Verbande des Seiles lösen, das Seil hätte gar keine Widerstandskraft gegen Querzusammendrückung. Dagegen wäre keine Änderung der Dehnung bei einer Zugbelastung erreicht, sondern genau wie bei der festen Stange wäre die Längsdehnung dieses Bündels eine reine Materialdehnung. Beim üblichen Drahtseil dagegen hat jeder Draht durch das Verwinden die Form einer Schraubenlinie angenommen, und zwar beim einfachgeflochtenen Seil (Spiralseil) eine normale Schraubenlinie wie jede Schraubenfeder. Beim zweifachgeflochtenen Litzenseil läuft die Achse jeder Litze als normale Schraubenlinie um die Seilachse, und jeder Draht als weitere Schraubenlinie um die Litzenachse. Erleidet ein solches Seil durch eine Zugbelastung Dehnungen, so wird die Schraubenlinie jedes Drahtes wie eine Feder gereckt. Zu dieser Dehnung der Schraubenlinie kommt bei der Steilheit des Schraubenganges eine reine Materialdehnung hinzu. Die Gesamtdehnung ist aber wesentlich größer als die letztere, und zwar um so mehr, je öfter das Seil geflochten ist, da die Dehnbarkeit der mehrfach gewundenen Schraubenlinie des Drahtes größer sein wird als die der einfach gewundenen. Außerdem wird sie vom Durchmesser der Schraubenlinie abhängig sein.

Da bei einer gegebenen Seilverlängerung die Verlängerung aller Drähte die gleiche sein muß, wird der einfach gewundene Kerndraht größere Materialdehnungen erleiden als der zweifach gewundene Litzendraht. Der Kerndraht wird daher auch eher die größte Dehnung erreichen, die zum Bruche führt. Eine weiche Hanfseele folgt dagegen mühelos allen Formveränderungen, die der Litzendraht erleidet. Daraus folgt die etwas größere Biegsamkeit und Dehnbarkeit eines Seiles mit Hanfseelen gegenüber einem solchen mit Kerndrähten.

Ähnlich kann auch bei Litzen nach Fig. 2 sich die Kraft nicht gleichmäßig auf alle Drähte einer Litze verteilen, sondern es muß die innere Lage stärkere Materialdehnungen erleiden, da der Durchmesser der Schraubenlinie um die Litzenachse geringer ist als der der äußeren Drahtlage. Doch ist hier der Unterschied kleiner, da es sich in beiden Fällen um zweifach gewundene Schraubenlinien handelt.

Die Eigenschaft der Seile, dehnbarer zu sein als das Material, aus dem sie bestehen, ermöglicht es auch, aus harten Stahlsorten elastische, dehnbare Seile herzustellen. Um dagegen den vorzeitigen Bruch der verhältnismäßig starren Kerndrähte zu vermeiden, verwendet man für diese in der Regel weicheres Material von geringerer Festigkeit, aber dafür größerer Dehnbarkeit. So wählt die Firma Felten & Guilleaume bei ihren Dreikantlitzenseilen der Fig. 5 für die Kerndrähte ein Material von 80 bis 90 kg/mm^2 Festigkeit und setzt den Querschnitt dieser Drähte auch mit dieser Festigkeit in die Rechnung ein, während sie für die übrigen Drähte je nach Wunsch Material von 120 bis 180 kg/mm^2 Festigkeit verwendet.

Dem befürchteten, vorzeitigen Bruch der Kerndrähte hatte man in der Theorie offenbar größere Bedeutung beigelegt, als ihm in der Praxis zukommt. Jedenfalls haben z. B. die Dreikantlitzenseile rasch eine ziemliche Verbreitung gefunden. Sie sind im Jahre 1900 von der Firma auf den Markt gebracht worden, und im Jahre 1912 wurden bereits 655 000 kg von diesem Seil verkauft. In neuerer Zeit haben die Rundlitzenseile mit der Verbreitung der Treibscheiben-Förderung wieder an Bedeutung gewonnen, weil sie wegen ihrer wenig glatten Oberfläche eine größere Reibung auf dem Umfang der Treibscheibe haben.

Der Durchmesser der für Förderseile verwendeten Drähte liegt allgemein zwischen 1 und 3 mm, meistens zwischen 2 und 3 mm. Die stärkeren Drähte wird man für ein Seil nehmen, das starkem äußeren Verschleiß ausgesetzt ist. In der Regel haben alle Drähte eines Seiles den gleichen Durchmesser. Bei den Seilen mit Profilkerndrähten wird die innere Lage häufig aus einem schwächeren Draht hergestellt. Dadurch wird einerseits die Formung des Litzenquerschnittes erleichtert, andererseits wird die innere Lage entlastet, die sonst nach dem früher Gesagten stärker belastet wäre wie die äußere Lage. Der geringere Drahtdurchmesser macht die Schraubenlinie des Drahtes dehnbarer.

Verschieden starke Drähte kamen früher noch bei sehr dicken, vielfach geflochtenen Seilen vor. Die Drahtstärke von Kran- und Aufzugsseilen ist geringer, wegen der dort notwendigen, wesentlich kleineren Rollen- und Trommeldurchmesser. Man verwendet Drähte von 0,5 bis höchstens 2 mm Durchmesser.

Jedes Rundseil der besprochenen Art hat einen gewissen Drall, d. h. es hat die Neigung, sich bei Belastung etwas aufzuwickeln. Der Winkel, um den sich das belastete Seilende dreht, ist von der Belastung und der Seillänge abhängig. Eine am Seil frei hängende Last, die gesenkt wird, wird sich also fortdauernd etwas drehen. Handelt es sich um ein im Schacht geführtes Fördergestell, so kann der Drall des Seiles nicht zum Ausdruck kommen, wohl aber, wenn die Last, wie beim Schachtabteufen, frei hängt.

Je nach der Anordnung der Drähte in der Längsrichtung des Seiles ist der Drall verschieden. Bei normalen Litzenseilen unterscheidet man zwei Anordnungen:

1. Gleich- oder Längsschlag, auch Albertschlag genannt,
2. Kreuzschlag.

Der Albertschlag trägt seinen Namen nach dem Erfinder der Drahtseile, dem Oberbergrat Albert, der im Jahre 1835 die Drahtseile im

Harz eingeführt hat, von wo sie sich dann weiter verbreitet haben. Bei diesem Seil läuft die Schraubenlinie des Drahtes in demselben Sinne um die Litzenachse, wie die Litze um die Seilachse, s. Fig. 6. Ein solches Seil hat einen starken Drall.

Beim Kreuzschlagseil läuft der Draht im umgekehrten Sinne um die Litze, wie die Litze um das Seil, s. Fig. 7. Das Bestreben sich aufzuwickeln ist also in der Litze dem des Seiles entgegen gerichtet. Der Drall des Seiles wird dadurch geringer.

Der verschiedene Wickelsinn hat noch weitere Wirkungen auf das Verhalten beider Seile. Beim Gleichschlagseil addieren sich auf der

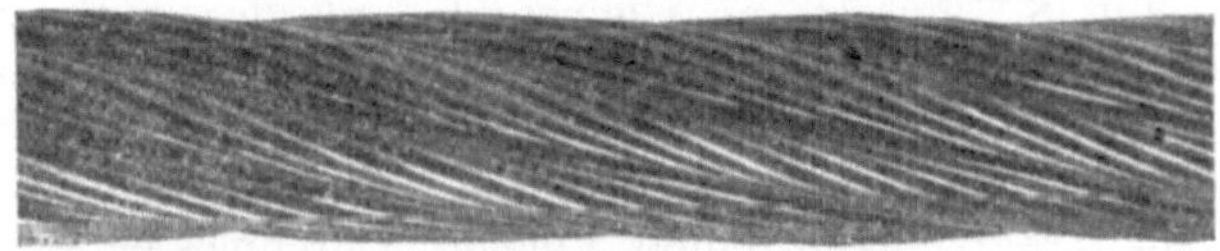

Fig. 6. Längsschlagseil (Albertschlag).

Oberfläche die Neigung des Drahtes zur Litzenachse und die Litzenneigung zur Seilachse. Der Draht ist daher auf der Oberfläche des Seiles überall zur Seilachse ziemlich stark geneigt, etwa 20 bis 25°. Auf der Innenseite der Litze, wo diese auf der Seele des Seiles liegt, läuft die Neigung des Drahtes zur Litzenachse der Neigung der Litze zur Seilachse entgegen. Da beide ungefähr um den gleichen Winkel geneigt sind, heben sich also die Neigungen auf und der Draht läuft der Seilachse ungefähr parallel. Bei einer Biegung des Seiles liegen die am stärksten gespannten Fasern an der Oberfläche. Infolge der Neigung des Drahtes ruft also bei diesem Seil die Biegung mehr eine Reckung der Schraubenlinie als eine reine Materialdehnung hervor. Man rühmt daher dem Gleichschlagseil eine größere Biegsamkeit nach.

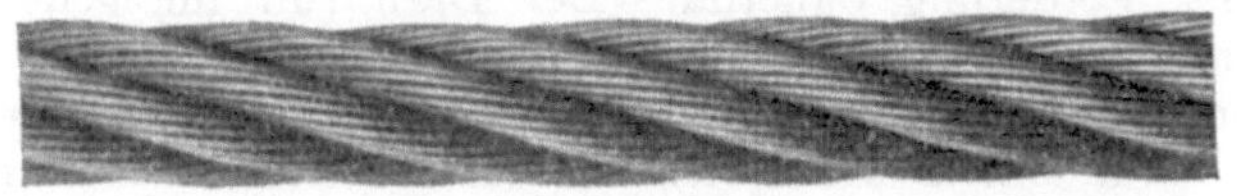

Fig. 7. Kreuzschlagseil.

Beim Kreuzschlag wird der Draht gerade an der Oberfläche der Seilachse ungefähr parallel laufen und auf der Innenseite der Litze stark geneigt sein. Die Biegung ruft daher bei diesem Seil in den am stärksten gespannten Fasern mehr eine Materialdehnung als eine Reckung der Schraubenlinie hervor. Das Seil wird etwas weniger biegsam sein.

Infolge der entgegengesetzten Neigung des Drahtes in der Litze des Kreuzschlagseiles ist von jeder Windung nur ein kurzes Drahtstück an der Oberfläche sichtbar. Der Draht hat also einen festen Halt im Seilverbande, und ein Herausreißen desselben durch äußere Kräfte, z. B. durch die Reibung zweier Nachbarwindungen auf einer Trommel, ist schwerer möglich als bei einem Längsschlagseil. Dafür ist bei dem letzteren die Lagerung in einer Seilrinne günstiger. Die Krümmung des Drahtes schmiegt sich mehr der Krümmung der Seiloberfläche an und berührt daher die Seilscheibe auf einem längeren Stück. Es wird sich infolgedessen auch die Abnutzung des Seiles mehr verteilen und nicht so rasch zu einem Drahtbruch führen. Für Seile, die z. B. durch schrägen Auflauf auf die Seilscheibe einem stärkeren Verschleiß ausgesetzt sind, wird man daher gern, wenn Rundlitzenseile verwendet werden sollen, Gleichschlagseile wählen.

Ein fast vollkommen drallfreies Seil hat die Firma Felten & Guilleaume mit ihrem patentierten, doppelflachlitzigen Seil auf den Markt gebracht, s. Fig. 8. Es ist ein Gleichschlagseil, das aus zwei Lagen Litzen besteht, die entgegengesetzt gewickelt sind, wodurch der Drall nahezu null wird. Bemerkenswert ist an dem Seil, daß die Litzen weder eine Seele, noch einen Kerndraht enthalten. Es hat also im Verhältnis zur Tragfähigkeit einen kleinen Durchmesser und ist aus diesem Grunde verhältnismäßig geschmeidig. Neben der Drallfreiheit

Fig. 8. Doppelflachlitzenseil der Firma Felten und Guilleaume.

besitzt es die Eigenschaften einer sehr glatten Oberfläche. Die Drallfreiheit läßt das Seil als geeignet zum Schachtabteufen erscheinen, soweit ein Seilausgleich dabei nicht erforderlich ist.

Eine weitere sehr zweckmäßige Verwendung finden die drallfreien Seile als Unterseile. Sowohl die Belastung eines jeden Trumes des Unterseiles durch das Eigengewicht, wie auch die Länge wechseln während der Förderung dauernd. Der Drall ruft infolgedessen eine Drehung im ganzen Seil über die Seilschlinge hinweg hervor. Dadurch wird der unruhige Gang und das Schlagen des Unterseiles wesentlich vergrößert. Von einem drallfreien Seil hat man also einen ruhigeren Gang und damit geringere Abnutzung und Beschädigung des Unterseiles zu erwarten.

Wie am Anfang dieses Abschnittes erwähnt worden war, werden auch einfache Litzen aus Runddrähten als selbständige Seile verwendet und heißen dann Spiralseile. Als Förderseile können sie aber nicht verwendet werden. Sie sind nur dort brauchbar, wo sie einer geringen, äußeren Abnutzung unterworfen sind, wie z. B. als Halteseile. Sie haben den Nachteil, daß ein Drahtbruch die Tragkraft des Drahtes auf der ganzen Seillänge ausschaltet, da der Draht sehr wenig Halt im Seilverbande hat. Es kommt leicht vor, daß ein gebrochener Draht sich auf seiner ganzen Länge aus dem Seil herauswickelt. Würde ein solches Seil über eine Seilscheibe oder Trommel laufen, so würden Beschädigungen der übrigen Drähte die Folge sein. Der Vorteil dieser

Seile ist die kompakte Bauart, da sie nur eine Seele haben, die glatte Oberfläche und der billige Preis. Die beiden ersten Eigenschaften haben die vorher erwähnten doppelflachlitzigen Seile auch. Sie sind aber selbstverständlich erheblich teurer, haben dafür aber auch den Vorteil der Drallfreiheit und die übrigen guten Eigenschaften der Litzenseile.

Eine andere Ausführung der Spiralseile vermeidet den Nachteil des geringen Haltes der Drähte im Seilverbande. Es sind dies die patentverschlossenen Seile, die in England erfunden worden sind und seit 1890 von der Firma Felten & Guilleaume in Deutschland auf den Markt gebracht werden. Sie sind ohne Seele, nur mit einem Kerndraht hergestellt. Die inneren Lagen bestehen aus Runddrähten, während die äußeren Lagen aus Profildrähten von zum Teil eigentümlichem, S-förmigen Querschnitt. Durch die letzteren werden alle Drähte fest im Seil zusammengehalten, s. Fig. 9. Auch bei einem Drahtbruch kann der gebrochene Draht nicht herausspringen. Der Profildraht gibt dem Seil eine vollkommen glatte Oberfläche, so daß die Lagerung des Seiles in der Seilrinne und damit die Abnutzung von Seil und Seilscheibe sehr günstig sind. Außerdem ist die Oberfläche so dicht geschlossen, daß ein Eindringen von Feuchtigkeit kaum möglich ist, also auch nicht ein Rosten des Seiles im Innern.

Fig. 9. Patentverschlossenes Seil.

Die einzelnen Drahtlagen sind in verschiedenem Sinne gewickelt, so daß das Seil drallfrei ist.

Aus der dichten Anordnung der Drähte folgt, daß das Seil im Verhältnis zur Tragkraft einen sehr geringen Durchmesser hat. Ein patentverschlossenes Seil von 33 mm Durchmesser entspricht einem Rundlitzenseil von 45 mm Durchmesser. Da sich ferner die Windungen eines patentverschlossenen Seiles auf einer Trommel dicht nebeneinander legen, während bei einem Rundlitzenseil stets ein Zwischenraum bleibt, ist es möglich mit der gleichen Trommel eine um 40% größere Teufe zu erreichen, so daß man unter Umständen trotz eines wesentlich weiter abgeteuften Schachtes die alte Maschine verwenden kann. Günstig spricht dabei mit, daß das Eigengewicht bei gleicher Tragfähigkeit wegen des Fehlens der Seelen bis zu 12% kleiner ist als das der Rundlitzenseile.

Aus der dichten Lagerung der Drähte und dem Fehlen der Seele folgt aber weiter eine größere Steifigkeit und vor allem eine geringere Dehnbarkeit. Die größere Steifigkeit wird zum Teil dadurch wieder ausgeglichen, daß das Seil bei gleicher Tragfähigkeit dünner ist. Wenn also eine Trommel für ein Rundlitzenseil gebaut war und der Bedingung genügte, daß ihr Durchmesser gleich dem hundertfachen Seildurchmesser war, so wird bei einer späteren Verwendung eines entsprechenden patentverschlossenen Seiles diese Bedingung erst recht erfüllt sein. Die Firma Felten & Guilleaume gibt als notwendigen Trommeldurchmesser den 125fachen Seildurchmesser an. Tatsächlich sind Seile auf Trommeln mit dem 116fachen Seildurchmesser einwandfrei gelaufen und haben erheblich längere Aufliegezeiten erzielt als Rundlitzenseile. Auch die geleisteten tkm waren größer, so daß die Mehrkosten des Seiles mehr wie ausgeglichen worden waren. Die längere Aufliegezeit trotz der größeren Steifigkeit wird wohl zum Teil auf die Eigenschaften eines anderen Materials, aus dem die patentverschlossenen Seile hergestellt waren, zurückzuführen sein. Jedenfalls verlangt die größere Steifigkeit ein vorsichtiges Handhaben des Seiles schon beim Auflegen, wie auch später beim Betriebe. Schärfere Biegungen, die berüchtigte Klinkenbildung muß auf das sorgsamste vermieden werden. Ebenso werden die Biegungen, die bei der Bildung von Hängeseil auftreten, verderblich wirken.

Die mangelnde Dehnungsfähigkeit des Seiles wird aber durch nichts ausgeglichen. Während gewöhnliche Seile in der ersten Aufliegezeit eine bleibende Verlängerung bis 1% und mehr zeigen, was bei größeren Teufen mehrere Meter ausmacht, tritt bei den patentverschlossenen keine merkbare Längenänderung ein. Für den Betrieb ist das ein Vorteil, weil die unangenehme Korrektur der Einstellung der Fördergestelle und Teufenanzeiger fortfällt. Aber mit den bleibenden Längenänderungen verschwinden auch zum großen Teil die elastischen Dehnungen. Bei gewöhnlichen Seilen sind diese, wie früher gezeigt worden ist, wesentlich größer als die Materialdehnungen, bei den patentverschlossenen sind fast nur Materialdehnungen vorhanden. Es ist daher fraglich, wie weit man, um die Dehnbarkeit des Seiles nicht zu sehr einzuschränken, in der Härte des verwendeten Materials gehen kann. Die Firma Felten & Guilleaume geht nicht über eine Materialfestigkeit von 130 kg/mm^2. Wie später nachgewiesen werden wird, ist sowohl die Materialfestigkeit, wie auch die Dehnbarkeit des Seiles von Einfluß auf das Verhalten des Seiles bei Stoßbeanspruchung. Je kleiner der Dehnungskoeffizient, um so größer ist in bestimmten Fällen die Stoßspannung. Die patentverschlossenen Seile werden sich also bei gewissen Stoßbeanspruchungen ungünstiger verhalten, doch ist der Einfluß des Dehnungskoeffizienten nicht von allzu großer Bedeutung.

Die geschlossene Form des Seiles entzieht die inneren Drähte vollkommen der Beobachtung. Es können also an sich Drahtbrüche auftreten, die durch Beobachtung nicht festgestellt werden können. Nun ist aber die äußerste Lage, um die Drähte gut zusammenzuhalten, mit einer erheblichen Spannung gewunden, so daß man damit rechnen kann, wie auch durch die Erfahrung bestätigt wird, daß die ersten Brüche in der äußersten Lage auftreten, zumal diese auch bei der Biegung des Seiles am meisten beansprucht wird.

Die patentverschlossenen Seile sind in der Praxis als Förderseile nicht sehr verbreitet und haben in neuerer Zeit mit der Verbreitung der Treibscheibenförderung noch mehr an Bedeutung verloren. Bei dieser Förderung bietet der geringe Durchmesser des Seiles keinen Vorteil. Außerdem folgt aus der sehr glatten Oberfläche eine zu geringe Reibung auf dem Scheibenumfang. Dagegen findet man sie als Brückenseile und Tragseile von Drahtseilbahnen, wofür sie auch vorzüglich geeignet sing.

3. Die Bandseile.

Die Flach- oder Bandseile bestehen aus einzelnen, meistens vierlitzigen, dünnen Rundseilen, die nebeneinander gelegt und durch sogenannte Nähdrähte miteinander verbunden sind, s. Fig. 10. Nur die einzelnen Litzen der Rundseile haben in der Regel Hanfseelen. Der eine Hauptzweck der Seilseele, die geordnete Lagerung beliebig vieler Litzen unter Beibehaltung der kreisrunden Form zu gestatten, kommt hier nicht in Frage. Die einzelnen Rundseile sind verhältnismäßig lose gewickelt, um die Durchführung der kräftigen Nähdrähte zu ermöglichen. Ihre runde Form wird durch diese Nähdrähte dauernd gestört. Die Beibehaltung derselben hätte auch keinen Zweck. Ein Flachseil soll im Gegenteil seine rechteckige Umrahmung möglichst genau ausfüllen.

Die Nähdrähte sind Eisendrähte, sie erhöhen nicht die Tragfähigkeit des Seiles, vermehren aber dessen Eigengewicht. Bandseile sind also verhältnismäßig schwerer und teurer als Rundseile. Da sie aber aus dünnen Rundseilen bestehen und ihre Tragfähigkeit durch die Zahl

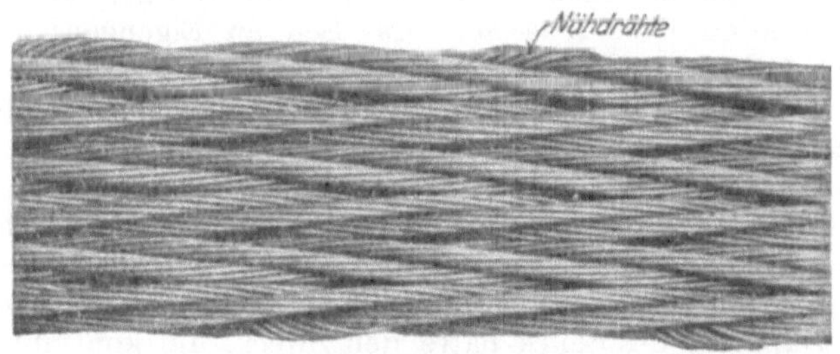

Fig. 10. Bandseil.

der nebeneinander gelegten Stränge erhalten, sind sie biegsamer als die ersteren. Sie lassen daher auch kleinere Trommeldurchmesser zu, eine wichtige Eigenschaft, da Bandseile als Förderseile ausschließlich in Verbindung mit Bobinen Verwendung finden, deren kleinster Aufwickelradius in der Regel ziemlich gering ist. Der kleinste Radius kann hier nicht, wie bei einem Rundseil, allein nach der Biegefähigkeit des Seiles gewählt werden, sondern Seildicke und Aufwickelradius stehen in bestimmter Beziehung zueinander, da beide dem Seilausgleich dienen.

Die Windungen des Bandseils legen sich bei der Bobine unter erheblicher Pressung aufeinander. Da das Seil eine wenig glatte Oberfläche hat, ist die Lagerung der einzelnen Windungen nicht günstig, sondern der Druck übersteigt leicht an einzelnen Punkten das zulässige Maß, vor allem da, wo die Nähdrähte durch das Seil gehen, wodurch Beschädigungen des Seiles eintreten. Die Lebensdauer der Bandseile ist daher stets gering. Soweit sie zur Seilfahrt dienen, dürfen sie auch nach bergpolizeilichen Vorschriften nicht länger als ein Jahr aufliegen. Als normale Förderseile werden sie daher kaum verwendet.

Nur die Möglichkeit des Bobinenbetriebes in Verbindung mit ihrer Drallfreiheit veranlaßt ihren Gebrauch bei Schachtabteufungen. Ihre große Biegsamkeit und Drallfreiheit macht sie zu geeigneten Unterseilen.

4. Verjüngte Seile.

Das Gewicht des Seiles tritt ebenso als Belastung auf wie das Gewicht von Fördergestell und Nutzlast, nur daß die beiden letzteren alle Seilquerschnitte gleichmäßig belasten, während das volle Seilgewicht allein von dem obersten Seilquerschnitt getragen wird und die tieferen Querschnitte nur das Gewicht des unter ihnen hängenden Seiles tragen. Bei einem zylindrischen Seil ist also die Spannung in den unteren Querschnitten geringer wie in dem obersten, der für die Bemessung des zylindrischen Seiles maßgebend ist. Eine bessere Ausnutzung des Materials würde ein Körper mit konstantem Widerstand gegen Zerreißen geben, d. h. ein verjüngtes Seil. Bei größeren Teufen, bei denen das Seilgewicht die Nutzlast unter Umständen um ein Vielfaches übertrifft, lassen sich durch Anwendung verjüngter Seile erhebliche Beträge an Seilgewicht sparen zumal, wenn ein Material von geringer Festigkeit verwendet worden ist. Was aber das Seil an Eigengewicht weniger zu tragen hat, kann es an Nutzlast mehr heben oder, wenn die Nutzlast unverändert bleibt, kann das Seil schwächer werden. Verjüngte Seile wurden daher früher vielfach verwendet, doch ist bei ihnen der Seilgewichtsausgleich nicht durch Unterseil möglich, sondern nur durch eine konische, bzw. Spiraltrommel oder Bobine, wenn es sich um ein verjüngtes Bandseil handelt. Die heute vorherrschende Förderung mit zylindrischer Trommel oder Treibscheibe schließt ihre Verwendung aus.

Die Verjüngung des Seiles hatte den Zweck, die kontinuierlich abnehmende Belastung durch das Seilgewicht zu berücksichtigen. Es müßte daher, wenn die Bedingung erfüllt werden soll, einen Körper mit konstantem Widerstand gegen Zerreißen herzustellen, auch der Querschnitt des Seiles kontinuierlich abnehmen. Ein solches Seil ließe sich am einfachsten verwirklichen, wenn Drähte mit gesetzmäßig abnehmendem Querschnitt verwendet werden könnten, Da diese Drähte aber nicht hergestellt werden, begnügt man sich, die theoretische Form angenähert wiederzugeben dadurch, daß man absatzweise immer dünnere Drähte verwendet, oder die Zahl der Drähte jeder Litze allmählich ändert, oder beide Mittel gleichzeitig anwendet. Bei Rundseilen läßt man gewöhnlich die Drahtzahl konstant und ändert absatzweise die Drahtstärke. Bei Bandseilen vermindert man häufig die Anzahl der Drähte und zwar immer um einen Draht in jeder Litze.

Während für alle anderen Seile die Firmen feste Ausführungsformen haben, die sie in Tabellen zusammengestellt haben, die man vorteilhafterweise bei der Wahl eines Seiles benutzt, muß ein verjüngtes Seil für jeden einzelnen Fall besonders hergestellt werden. Dadurch und durch die größere Schwierigkeit bei der Herstellung sind sie pro kg teurer, doch ist die Gewichtsersparnis unter Umständen so groß, daß sie im ganzen billiger werden.

II. Die Beanspruchung der Förderseile.

1. Allgemeines

Schon bei der Herstellung des Seiles, d. h. bei dem Wickeln der Drähte zur Litze und der Litzen zum Seil wird der Draht gezogen, gebogen und eventuell gedreht. Die Spannungen, die in den Drähten hierbei auftreten, sind so groß, sie liegen teilweise über der Streckgrenze, daß der Draht eine wesentliche, bleibende Formänderung erhält. Die Drähte der Litze haben keine merkbare Tendenz, sich wieder aufzuwickeln, wie man erkennen kann, wenn man ein Stück Litze aus einem Seil herraussägt. Die Formänderung, die der Draht erlitten hat, ist also eine bleibende gewesen. Daraus folgt aber nicht ohne weiteres, daß der Draht nach dem Wickeln zur Litze spannungslos geworden ist. Der Draht ist gebogen und eventuell gedreht worden. Aus beiden Belastungsarten folgen Spannungen, die sich über den Querschnitt des Drahtes nicht gleichmäßig verteilen, sondern an der Oberfläche des Drahtes ein Maximum erreichen, während in der Mitte eine neutrale Achse vorhanden ist, an der die Spannungen null sind. Wenn also Spannungen oberhalb der Streckgrenze aufgetreten sind, so braucht dies nur in dem äußeren Teil des Drahtes der Fall zu sein, während im Innern ein Kern vorhanden ist, der im wesentlichen nur elastische Dehnungen erlitten hat. Dieser Kern wird versuchen, nach Aufhören der Wickelkräfte den Draht in seine alte Form zurückschnellen zu lassen. Die elastischen Kräfte stoßen aber auf den großen Widerstand, den die stark gereckten oder gedrückten äußeren Fasern des Drahtes der Rückbewegung in die alte Form entgegensetzen. Diese werden jetzt im entgegengesetzten Sinne beansprucht, wie vorher beim Wickeln der Litze. Die Formänderung, die sie zulassen, bis das in ihnen auftretende neue Spannungsmoment, dem Spannungsmoment des Kernes das Gleichgewicht hält, ist so gering, daß sie innerhalb der Grenzen liegt, in denen die elastische Seele nachgibt, so daß an der fertigen Litze nach außen nichts zu bemerken ist. Die Zeit wirkt ausgleichend auf diese Spannungen, so daß man den Draht in unbelasteter Litze als angenähert spannungslos annehmen kann.

Die Litzen, die zum Seil verwunden sind, zeigen in der Regel noch eine geringe Tendenz sich aufzuwickeln. Die Beanspruchungen der Drähte beim Verwinden der Litze zum Seil sind also geringer gewesen, sie hatten mehr elastische Dehnungen zur Folge. Eine geringe Anfangsspannung ist daher in den Drähten vorhanden, deren Berechnung aber kaum möglich ist, da die Kräfte, die zum Wickeln aufgewandt worden sind, unbekannt sind.

Man muß sich nun fragen, welche Spannungen als Folge der Belastung des Seiles in den Drähten auftreten. Zunächst ist die Belastung bei Förderseilen nicht ruhend, sondern wechselnd. Das Seil wird durch die daranhängende Last gezogen und nach Aufsetzen oder Entladen des Fördergestells wieder teilweise entlastet. Die Zugkraft rührt einesteils her von dem reinen Gewicht der Last, einschließlich des Gefäßes usw. zur Aufnahme der Last und dem Seilgewicht, die alle zusammen die statische Belastung darstellen, anderenteils von dynamischen Kräften, das sind Reibungs- und Massenkräfte, die durch die Beschleunigung oder Verzögerung des ganzen Systems und durch Stöße und Schwingungen hervorgerufen werden. Die dynamischen Kräfte sollen später einer Betrachtung unterzogen werden. Zunächst handelt es sich um die Bestimmung der Spannungen, die als Folge der statischen Kräfte auftreten.

Zu der Zugbelastung kommt eine Biegungsbeanspruchung und zwar wird das Seil beim Laufen über die Seilscheibe und die Trommel gebogen und wieder gestreckt. Das Seil, das von unten auf die Trommel läuft, wird sogar abwechselnd nach beiden Seiten gebogen. Diese wechselnde Belastung ruft wechselnde Spannungen hervor in einem Material, das vorher schon teilweise über die Streckgrenze hinaus beansprucht worden war, ein Grund, der mit dazu beiträgt, daß die Spannungen selbst, wenn sie zunächst unterhalb der Elastizitätsgrenze bleiben, das Material allmählich ermüden und unter Umständen zu Bruche bringen. Dazu kommt noch, daß durch Verschleiß und Rosten der tragende Querschnitt dauernd sinkt, und also die Spannungen dauernd steigen.

Die Spannungen, die als Folge der Belastung des Seiles auftreten, lagern sich einem eventuell von der Herstellung des Seiles stammenden Anfangsspannungszustand über. Und wenn nun die durch die Belastung hervorgerufenen Spannungen sich teilweise rechnerisch verfolgen lassen, so kann doch das Ergebnis, ganz abgesehen von den besonderen Voraussetzungen, die die Rechnung macht, schon deswegen von der Wirklichkeit abweichen, weil eben der Anfangszustand des Drahtes unbekannt ist. Die Rechnung muß also wie bei allen Festigkeitsrechnungen, so hier besonders durch Versuche bekräftigt werden.

Dadurch wird die Rechnung aber nicht wertlos. Man muß nur über die Bedeutung der Rechnung stets im klaren bleiben. In vielen Fällen wird die Rechnung wenigstens einen qualitativen Aufschluß über den Einfluß verschiedener Größen geben.

2. Die statische Beanspruchung des Förderseiles.

a) Die Zugbeanspruchung. Das Seil besteht aus Litzen, und die Litzen aus Drähten. Man nahm früher an, daß jeder Draht unabhängig von den anderen sich so verhält, als ob er allein vorhanden wäre.

Bei der Berechnung auf Zug, der Hauptbeanspruchung des Seiles, dachte man sich ein Stück eines Drahtes herausgelöst und faßte dieses als einen prismatischen Körper auf, der auf Zug beansprucht wird von einem entsprechenden Bruchteil der Gesamtlast, die auf sämtliche Drähte gleichmäßig verteilt angenommen wurde.

Bedeutet für ein senkrecht hängendes Seil:

σ_{st} = Zugspannung im Draht in kg/cm²,
Q = an dem Seil hängende Gesamtlast in kg,
G = Seilgewicht in kg,
n = Anzahl der Drähte im Seil,
δ = Drahtdurchmesser in cm,

so ergibt sich:

$$\sigma_{st} = \frac{Q + G}{n \cdot \pi/4 \delta^2} \text{ kg/cm}^2. \tag{1}$$

Das Seilgewicht ist gleichmäßig über die Seillänge verteilt. Der oberste Seilquerschnitt hat also das volle Seilgewicht zu tragen und ist daher durch G am meisten beansprucht, während die tiefer liegenden Querschnitte weniger belastet sind. Q belastet alle Querschnitte gleichmäßig. Der gefährliche Querschnitt ist also der oberste Querschnitt.

Ist die Förderbahn geneigt, so kommt von der gesamten Last $Q + G$ nur die Komponente in Frage, die in Richtung des Seiles, das ist die Richtung der Förderbahn, fällt, da der Durchhang des Seiles durch Abstützen auf Rollen aufgehoben sein muß.

Die Gesamtlast, die das Seil nach dieser Überlegung tragen kann, ist gleich der Summe der Lasten, die die einzelnen Drähte tragen können. Dieses Resultat stimmt mit der Wirklichkeit nicht ganz überein. Es wäre nur richtig, wenn das Seil aus einem Bündel gerader Drähte bestände. In Wirklichkeit trägt das Seil 5 bis 15 % weniger, als diese rechnerische Bruchlast angibt, eine Erscheinung, die man schon frühzeitig erkannt hatte, und die man darauf schob, daß die Drähte die Seilachse, das ist die Richtung der Kraft, unter einem gewissen Winkel kreuzen und nicht der Kraftrichtung parallel laufen. Wenn dies auch der Hauptgrund ist, so kommt doch noch neben der Wirkung einer eventuellen Anfangsspannung die Wirkung der eigentümlichen Form, die jeder einzelne Draht bildet, hinzu. Er ist eben kein gerader, prismatischer Stab, sondern läuft, wie oben geschildert, als einfach oder mehrfach gewundene Schraubenlinie um die Seilachse.

Diese Schraubenlinie wird bei einer Zugbelastung des Seiles etwas gereckt. Wie bei jeder Schraubenfeder erleidet der Draht dadurch eine Drehbeanspruchung und, da sich außerdem die Krümmung der Schraubenlinie ändert, eine gewisse Biegungsbeanspruchung.

Infolge dieser Formänderung legen sich die Drähte mit größerem Druck auf das Material der Seele auf. Im Nachgeben der verhältnismäßig weichen Hanfseele ist die große Verlängerung (1 bis 2 %) eines solchen Seiles in der ersten Arbeitszeit begründet. Die erhöhte Pressung zwischen Draht und Seele hat eine Erhöhung der Zugbeanspruchung in Richtung der Drahtachse zur Folge, die auch zur Verkleinerung der Bruchlast des ganzen Seiles beiträgt.

Alle diese zusätzlichen Beanspruchungen lassen sich rechnerisch nicht genügend genau fassen. Es ist daher üblich geblieben, nach der einfachen Gl. 1 zu rechnen und alle Zugbeanspruchungen des Drahtes im Seil zu berechnen durch Division der in Richtung der Seilachse wirkenden Kraft durch den tragenden Drahtquerschnitt. Man darf dann aber nicht vergessen, daß die Bruchlast des Seiles unter Zugrundelegung dieser Spannung um 5 bis 15 % kleiner ist als die der Summe aller Drähte. Dieser Unterschied muß nach Obigem etwas verschieden sein je nach der Konstruktion des Seiles, was auch durch die Erfahrung bestätigt wird. Im Mittel nimmt man für alle Seile einen Unterschied von 10% an. Es ist weiter nicht üblich, diese 10% von der Materialfestigkeit abzuziehen und den verminderten Wert in die Seilberechnung einzuführen, sonder man rechnet mit der vollen Tragfähigkeit des Materials. Die Abweichung der Rechnung von der Wirklichkeit wird bei neuen Seilen zum Teil ausgeglichen durch eine geeignete Wahl des Sicherheitsgrades, der so reichlich bemessen wird, daß auch eine Erhöhung der Spannung durch diese bewußt begangenen Fehler keine Gefahr für das Seil bedeutet. Außerdem haben die Bergpolizeibehörden bestimmte Vorschriften über die versuchsmäßige Feststellung der der Rechnung zugrunde zu legenden Bruchlast erlassen, die vor allem für gebrauchte Seile von Bedeutung sind, und die in einem späteren Kapitel besprochen werden sollen.

Sicherheitsgrad nennt man das Verhältnis:

$$S = \frac{\text{Bruchlast}}{\text{Statische Belastung}} \tag{2}$$

Der Sicherheitsgrad ist ebenfalls durch bergpolizeiliche Vorschriften festgelegt. Nach diesen beträgt der Mindestsicherheitsgrad in der Regel bei Produktenförderung 6, bei Seilfahrt 9. Da nun der Sicherheitsgrad während der Aufliegezeit des Seiles dauernd sinkt, muß bei neuen Seilen ein größerer Wert zugrunde gelegt werden. Üblich ist für die Produktenförderung die 7,5 bis 9fache Sicherheit, dann wird sie bei der Seilfahrt abhängig von der Teufe etwa 9 bis 12fach. Unterseile sind den Förderseilen gleichgestellt.

b) Die statische Berechnung der Förderseile mit unveränderlichem Querschnitt. Nach dem Gesagten läßt sich eine Berechnung der Förderseile durchführen, die mit der oben besprochenen Einschränkung der statischen Belastung des Seiles gerecht wird.

Die statische Belastung setzte sich zusammen aus dem Eigengewicht G des Seiles, entsprechend seiner Länge H gemessen von der tiefsten Stellung des Fördergestells bis zur Seilscheibe, und der am Seilende hängenden Gesamtlast Q bestehend aus der toten Last Q_0 und der Nutzlast N. Die tote Last Q_0 setzt sich zusammen aus dem Gewicht des Fördergestells einschließlich des Seilgeschirrs und den Hunden.

Ist das Seil um α gegen die Vertikale geneigt, so ist von diesen Gewichten nur die Komponente in Richtung der Seilachse einzuführen, d. h. die Gewichte sind mit $\cos\alpha$ zu multiplizieren.

Bei einem zu berechnenden Seil ist die Nutzlast bekannt. Die tote Last kann erfahrungsgemäß abhängig von der gegebenen Nutzlast angenommen werden. Unbekannt ist zunächst noch das Seilgewicht, für welches aber in folgender Weise eine Gleichung aufgestellt werden kann:

Hat ein Seilstück die Länge l m, so sind die einzelnen abgewickelten Drähte länger. Jeder Draht vom Durchmesser δ cm möge die Länge $C_1 \cdot l$ m haben oder $100 \cdot C_1 \cdot l$ cm, und wenn $l = 1$ m gesetzt wird, $100 \cdot C$ cm. Besteht das Seil aus n Drähten, so ist das Gewicht sämtlicher Drähte $\gamma \cdot \pi/4 \cdot n\delta^2 \cdot 100 \cdot C_1$. Das Seilgewicht ist um das

Gewicht des Seelenmaterials größer. Um dieses zu berücksichtigen, kann man noch eine Konstante C_2 hinzufügen, so daß man für das Gewicht G_l für 1 m Seil erhält:

$$G_l = 100 \cdot C_1 \cdot C_2 \cdot \gamma \cdot \pi/4 \cdot n\delta^2 = C_3 \cdot n\delta^2 \text{ kg}$$

Man nähert sich der Wirklichkeit mit großer Schärfe, wenn man für Rundlitzenseile mit Hanfseelen die Konstante gleich 0,78 setzt, so daß man erhält:

$$G_l = 0{,}78\, n\delta^2 \text{ kg}.$$

Die etwas größeren Werte, die diese Gleichung in der Regel ergibt, können als Berücksichtigung der Vergrößerung des Eigengewichtes durch die zum Schutze gegen Rost notwendige Schmierung des Seiles angesehen werden.

Dividiert man G_l durch den tragenden Querschnitt $\pi/4\, n\delta^2$, so erhält man die Spannung σ_{Gl}, die durch das Eigengewicht von 1 m Seil verursacht wird.

3) $$\sigma_{Gl} = \frac{0{,}78\, n\delta^2}{\pi/4\, n\delta^2} \sim 1 \text{ kg/cm}^2 \text{ für 1 m Seillänge.}$$

Das Eigengewicht eines senkrecht hängenden Rundlitzenseiles verursacht also ebensoviel kg/cm² Spannung als die Länge des Seiles m zählt. Es beträgt daher der Maximalwert dieser Spannung

4) $$\sigma_G = H \text{ kg/cm}^2.$$

Bei geneigtem Schacht wäre H mit $\cos\alpha$ zu multiplizieren, d. h. H bedeutet die vertikal gemessene Förderhöhe.

Beträgt die Bruchspannung des Drahtmaterials K_z kg/cm², und wählt man einen Sicherheitsgrad S, so setzt man damit eine zulässige Spannung k_z fest von

$$k_z = \frac{K_z}{S} \text{ kg/cm}^2.$$

Ruft die Last Q eine Spannung σ_Q hervor von

$$\sigma_Q = \frac{Q}{\pi/4\, n\delta^2} \text{ kg/cm}^2$$

und entsprechend das Eigengewicht G: $\sigma_G = \frac{G}{\pi/4\, n\delta^2}$, so muß nach Gleichung 1) die Beziehung erfüllt sein:

$$\sigma_{st} = \sigma_Q + \sigma_G = k_z$$

oder mit Berücksichtigung von Gleichung 4):

$$\frac{Q}{\pi/4\, n\delta^2} + H = k_z$$

5) $$\text{oder } n\delta^2 = \frac{1{,}27 \cdot Q}{k_z - H} = R$$

6) $$\delta = \sqrt{\frac{R}{n}} \text{ cm}.$$

Damit ist nach Wahl der Anzahl n der Drähte der notwendige Durchmesser δ der einzelnen Drähte gefunden.

Bei der Wahl von n hat man sich nach bestehenden Ausführungen von Seilen zu richten. Die notwendigen Angaben sind von den Drahtseilfirmen in Konstruktionstafeln niedergelegt, die in den meisten Handbüchern wiedergegeben sind. Der Durchmesser liegt in der Regel zwischen 2 und 3 mm. Über die geeignete Wahl der Bruchfestigkeit K_z soll in Kapitel 4 ausführlich berichtet werden.

Zahlenbeispiel:

Zusammenstellung der Bezeichnungen.

H = vertikal gemessene Förderhöhe in m bis zur Seilscheibe,
Q = Gewicht der am Seilende hängenden Last in kg. Bei einem um α geneigten Schacht ist Q mit $\cos\alpha$ zu multiplizieren,
K_z = Bruchspannung des Drahtmaterials in kg/cm²,
S = Sicherheitsgrad,
k_z = zulässige Zugspannung,
n = Anzahl der Drähte,
δ = Durchmesser eines Drahtes in cm,
G_l = Gewicht von 1 m Seil,
d = Seildurchmesser aus Konstruktionstabelle.

Beispiel 1.

Es seien für einen vertikalen Schacht gegeben:

$$H = 1000 \text{ m}, \quad Q = 7800 \text{ kg}.$$

Gang der Rechnung:

1. Wahl von K_z und S: $K_z = 18000 \text{ kg/cm}^2$

$$S = 7{,}5.$$

2. $$k_z = \frac{K_z}{S} = \frac{18000}{7{,}5} = 2400 \text{ kg/cm}^2.$$

3. $$n\delta^2 = \frac{1{,}27 \cdot Q}{k_z - H} = \frac{1{,}27 \cdot 7800}{2400 - 1000} = \frac{9900}{1400} = 7{,}07 = R.$$

4. Wahl von n: nach der Konstruktionstabelle von Felten Guilleaume werde ein Seil mit sechs Litzen zu je 16 Drähten, also $n = 6 \cdot 16 = 96$ gewählt.

5. $$\delta = \sqrt{\frac{R}{n}} = \sqrt{\frac{7{,}07}{96}} = \sqrt{0{,}0737} = 0{,}271 \text{ cm}.$$

Die Tabelle von Felten Guilleaume enthält ein Seil mit $n = 96$ und $\delta = 2{,}8$ mm. Dieses wird als geeignetste Annäherung gewählt.

Für dieses Seil gibt die Tabelle weiter an:

$$d = 37 \text{ mm}, \quad G_l = 4{,}85, \quad \text{Bruchlast} = 106400 \text{ kg}.$$

Eine Kontrollrechnung mit diesen Zahlen führt zu folgendem Resultat:

$$G = 1000 \cdot G_l = 4850 \text{ kg}$$

$$\text{gesamte Belastung} = Q + G = 7800 + 4850 = 12650 \text{ kg}$$

$$\text{Sicherheitsgrad } S = \frac{\text{Bruchlast}}{Q + G} = \frac{106400}{12650} = 8{,}4.$$

Beispiel 2.

Es sei die Förderbahn 30° gegen die Vertikale geneigt. Beträgt das Gewicht der Last $Q' = 7800$ kg, so entfallen davon in die Richtung der Seilachse

$$Q = Q' \cdot \cos 30^\circ = 7800 \cdot 0{,}866 = 6750 \text{ kg}.$$

Beträgt die Seillänge aus dem Schachttiefsten bis zur Seilscheibe $L = 1000$ m, so ist

$$H = L \cdot \cos 30^\circ = 1000 \cdot 0{,}866 = 866 \text{ m}.$$

Mit diesen Zahlen ist genau so zu verfahren wie im Beispiel 1.

Bei Seilen mit Dreikantlitzen, bei Bandseilen, überhaupt bei allen Seilen, die nicht Rundlitzen und Hanfseelen haben, gibt die Gleichung $G_l = 0{,}78\, n\delta^2$ nicht das richtige Seilgewicht. Die Berechnung kann in diesem Fall nur so erfolgen, daß man aus der Konstruktionstabelle die Angaben für ein willkürlich gewähltes Seil entnimmt und nach der oben durchgeführten Kontrollrechnung die Probe auf den Sicherheitsgrad macht. Genügt das gewählte Seil nicht, so ist sinngemäß ein neues zu wählen. In gleicher Weise kann natürlich auch die Rechnung für Rundlitzenseile durchgeführt werden. Doch hat die Rechnung in der oben angegebenen Weise den Vorteil, daß fast jedes Probieren fortfällt. Außerdem liegt im Nenner der Gl. 5 ein Hinweis auf die notwendige Güte des Materials. Für $k_z = H$ wird der Bruch unendlich.

c) Die statische Berechnung der Förderseile mit veränderlichem Querschnitt. Für ein verjüngtes Rundseil läßt sich die theoretische Form für kontinuierlich abnehmenden Querschnitt leicht berechnen.

Für ein vertikal hängendes Seil sei f der tragende Querschnitt im Abstande l vom unteren Seilende. Der etwas höhere Querschnitt im Abstand $l + dl$ ist um df größer. Der Querschnittszuwachs df muß so bemessen sein, daß das hinzugekommene Gewicht des Seilstückes dl die gleiche, konstante Spannung hervorruft, wie sie überall im Seile herrschen soll. Ist G_l das jetzt veränderliche Gewicht der Längeneinheit des Seiles, so ist $G_l \cdot dl$ das Gewicht des hinzugekommenen Seilstückes. Ist k_z die konstante Zugspannung im Seil, so ist

$$k_z \cdot df = G_l \cdot dl.$$

Nach Gl. 3 ist $G_l = 0{,}78\, n\delta^2$. Für das zylindrische Seil ist n und δ konstant. Jetzt muß in der Gleichung, um die Veränderlichkeit von G_l zu berücksichtigen, entweder n oder δ längs des Seiles veränderlich sein. Für $0{,}78\, n\delta^2$ kann angenähert $\pi/4\, n\delta^2$ gesetzt werden. $\pi/4\, n\delta^2$ ist aber der veränderliche tragende Querschnitt f des Seiles, also geht die obige Gleichung über in

$$k_z \cdot df = f \cdot dl,$$

$$\frac{df}{f} = \frac{dl}{k_z}.$$

Die Integration ergibt:

$$\ln f = \frac{l}{k_z} + C.$$

Der unterste Querschnitt des Seiles entsprechend dem Werte $l = 0$ sei f_0. Damit ergibt sich der Wert der Integrationskonstante zu

$$\ln f_0 = C,$$

also

$$\ln f = \frac{l}{k_z} + \ln f_0$$

oder

$$\ln \frac{f}{f_0} = \frac{l}{k_z}.$$

Der Logarithmus des tragenden Querschnittes, d. h. jedes einzelnen Drahtes, muß also proportional der Länge l sein, wenn das Seil überall gleichmäßig beansprucht werden soll. Wenn der ganze Querschnitt des Seiles tragen würde, wenn also keine Lücken und keine Seele vorhanden wäre, wie es angenähert beim patentverschlossenen Seil der Fall ist, dann würde eine gleiche Beziehung, die sich nur durch eine Konstante unterscheidet, auch für den Durchmesser des Seiles gelten und der Längsschnitt des Seiles wäre durch zwei logarithmische Linien begrenzt.

Der unterste Querschnitt f_0 hat nur die Last Q zu tragen. Er bestimmt sich also aus der Beziehung

$$f_0 = \frac{Q}{k_z}.$$

Für den obersten Querschnitt f_{max} wird $l = H$. Es gilt also:

$$\ln f_{max} = \frac{H}{k_z} + \ln \frac{Q}{k_z}.$$

Der oberste Querschnitt hat außer der Last Q das ganze Gewicht G des Seiles zu tragen. Es gilt also:

$$k_z \cdot f_{max} = Q + G,$$

woraus das theoretische Gewicht des Seiles folgt zu:

$$G = k_z \cdot f_{max} - Q.$$

Für f_{max} ist der vorher berechnete Wert einzusetzen.

Wie in Kap. I, 4 erwähnt worden ist, kann die theoretische Form des Seiles nicht verwirklicht werden, sondern es wird absatzweise verjüngt, während die einzelnen Absätze konstanten Querschnitt haben. Es kann also auch das kleinste mögliche theoretische Gewicht des theoretischen Seiles nicht erreicht werden. Nachdem die Abmessungen und das Gewicht des praktisch ausführbaren Seiles bestimmt worden sind, kann man vergleichen, wieweit sich das Gewicht des wirklichen Seiles dem Mindestgewicht nähert.

Zur Bestimmung der Abmessungen des wirklichen Seiles wählt man zunächst die Länge der einzelnen Abschnitte, meistens 100 bis 200 m. Da die Abschnitte mit konstantem Querschnitt ausgeführt werden, kann auch die Berechnung genau so erfolgen, wie für zylindrische Seile geschildert worden ist. Zuerst wird die Rechnung für den untersten Abschnitt durchgeführt, der die Last Q und das noch unbekannte

Eigengewicht zu tragen hat. Man benutzt die Gl. 5 und 6, wenn es sich um ein Rundlitzenseil mit Hanfseelen handelt, nur daß man statt H die Länge l des ersten Abschnittes einzuführen hat. Nachdem Durchmesser und Anzahl der Drähte und also auch das Gewicht dieses Seilstückes bestimmt sind, berechnet man in der gleichen Weise den zweiten Abschnitt, der nun Q, das bekannte Gewicht des ersten Abschnittes, und sein noch unbekanntes Eigengewicht zu tragen hat. Dabei wird bei Rundseilen, wie bereits erwähnt, die Anzahl der Drähte in der Regel konstant gelassen, so daß nur die Stärke der Drähte neu zu berechnen ist. Die stärkeren Drähte des neuen Abschnittes werden mit den schwächeren Drähten verbunden, wobei darauf zu achten ist, daß die Bindestellen sich auf eine größere Seillänge verteilen, also nicht alle in die Nähe desselben Seilquerschnittes fallen. Auf diese Weise werden nacheinander alle Abschnitte einzeln berechnet.

Handelt es sich nicht um Rundlitzenseile mit Hanfseelen, so führen die Gl. 5 und 6 nur zu einem angenähert richtigen Resultat. Es kann dann bei der Berechnung der einzelnen Abschnitte in der am Ende des Absatzes b geschilderten Weise verfahren werden. Das gleiche gilt für Bandseile, bei denen häufig, wie bereits erwähnt, die Drähte des ersten Abschnittes durch das ganze Seil hindurchgeführt werden, so daß also δ konstant bleibt, und in den weiteren Abschnitten in jede Litze Drähte hinzugefügt werden.

Beispiel 3.

Für die gleichen Verhältnisse wie im Beispiel 1 des Abschnittes 2b sei ein verjüngtes Seil berechnet. Die einzelnen Seilabschnitte seien 200 m lang.

Gegeben ist:

$$H = 1000 \text{ m}, \quad Q = 7800 \text{ kg},$$

$$k_z = \frac{18000}{7{,}5} = 2400 \text{ kg/cm}^2.$$

1. Abschnitt.

$$n\,\delta^2 = \frac{1{,}27 \cdot Q}{k_z - l} = \frac{1{,}27 \cdot 7800}{2200} = 4{,}5 = R,$$

n sei wie vorher zu $6 \cdot 16 = 96$ gewählt.

$$\delta = \sqrt{\frac{R}{n}} = \sqrt{\frac{4{,}5}{96}} = 0{,}216 \text{ cm}.$$

Nach der Tabelle von Felten & Guilleaume wird ein Seil mit einer Drahtstärke von 2,2 mm gewählt. Für dieses Seil ist nach der Tabelle $G_{l_1} = 3{,}45$ kg, also das Gewicht von 200 m: $G_1 = 200 \cdot 3{,}45 = 690$ kg. Die Bruchlast dieses Seiles beträgt nach der Tabelle bei einer Materialfestigkeit von 180 kg/mm²: $B = 65670$ kg, also

$$S = \frac{B}{Q + G_1} = \frac{65670}{8490} = 7{,}74.$$

2. Abschnitt.

$$n\,\delta^2 = \frac{1{,}27 \cdot (Q + G_1)}{k_z - l} = \frac{1{,}27 \cdot 8490}{2200} = 4{,}9 = R,$$

$$\delta = \sqrt{\frac{4{,}9}{96}} = 0{,}226 \sim 2{,}3 \text{ mm},$$

$$G_{l_2} = 3{,}8 \text{ kg}, \text{ also } G_2 = 200 \cdot 3{,}8 = 760 \text{ kg}.$$

3. Abschnitt.

$$n\delta^2 = \frac{1{,}27 \cdot (Q + G_1 + G_2)}{k_z - l} = \frac{1{,}27 \cdot 9250}{2200} = 5{,}34\,,$$

$$\delta = \sqrt{\frac{5{,}34}{96}} = 0{,}236 \sim 2{,}4 \text{ mm},$$

$$G_{l_3} = 4{,}1 \text{ kg}\,, \text{ also } G_3 = 200 \cdot 4{,}1 = 820 \text{ kg}\,.$$

4. Abschnitt.

$$n\delta^2 = \frac{1{,}27 \cdot (Q + G_1 + G_2 + G_3)}{k_z - l} = \frac{1{,}27 \cdot 10070}{2200} = 5{,}8\,,$$

$$\delta = \sqrt{\frac{5{,}8}{96}} = 0{,}246 \sim 2{,}5 \text{ mm},$$

$$G_{l_4} = 4{,}5 \text{ kg}, \text{ also } G_4 = 200 \cdot 4{,}5 = 900 \text{ kg}\,.$$

5. Abschnitt.

$$n\delta^2 = \frac{1{,}27 \cdot (Q + G_1 + G_2 + G_3 + G_4)}{k - l} = \frac{1{,}27 \cdot 10970}{2200} = 6{,}33\,,$$

$$\delta = \sqrt{\frac{6{,}33}{95}} = 0{,}257 \sim 2{,}6 \text{ mm},$$

$$G_{l_5} = 4{,}85 \text{ kg}, \text{ also } G_5 = 200 \cdot 4{,}85 = 970 \text{ kg}\,.$$

Das Gewicht des ganzen Seiles beträgt also:

$$G = G_1 + G_2 + G_3 + G_4 + G_5 = 4140 \text{ kg}.$$

Das Gewicht des zylindrischen Seiles betrug 4850 kg. Die Gewichtsersparnis ist also nicht sehr groß. Die Ursache des geringen Unterschiedes ist die hohe zugrunde gelegte Materialfestigkeit. Bei geringerer Festigkeit ist die Ersparnis wesentlich größer und macht die geringwertigen Materialien überhaupt erst für größere Teufen verwendungsfähig. Deswegen war man früher gezwungen, ehe man die hochwertigen Stahlsorten zur Verfügung hatte, verjüngte Seile anzuwenden.

Zum Vergleich sei ein zylindrisches Seil und ein verjüngtes Seil für die gleichen Verhältnisse aber für eine Materialfestigkeit von 120 kg/mm² durchgerechnet.

Beispiel 4.

1. Zylindrisches Seil.

$$H = 1000 \text{ m}\,,\ Q = 7\,800,\ k_z = \frac{12000}{7{,}5} = 1600 \text{ kg/cm}^2,$$

$$n\delta^2 = \frac{1{,}27 \cdot 7800}{1600 - 1000} = 16{,}5 = R\,,$$

n sei gleich $6 \cdot 36 = 216$ gewählt,

$$\delta = \sqrt{\frac{16{,}5}{216}} = 0{,}276 \sim 2{,}8 \text{ mm}\,.$$

Aus der Tabelle kann für diese Zahlen entnommen werden:

Seildurchmesser $d = 60$ mm gegen 37 mm bei 180 kg/mm²,

$$G_l = 13 \text{ kg}\,, \text{ also } G = 13000 \text{ kg gegen } 4850 \text{ kg bei } 180 \text{ kg/mm}^2,$$

$$\text{Bruchlast } B = 159660 \text{ kg}\,,\ S = \frac{159660}{7800 + 13000} = 7{,}67\,.$$

2. Verjüngtes Seil.
Die einzelnen Abschnitte seien wieder 200 m lang.

1. Abschnitt.

$$n\delta^2 = \frac{1{,}27 \cdot 7800}{1600 - 200} = 7{,}07\,,$$

$$\delta = \sqrt{\frac{7{,}07}{216}} = 0{,}1808 \sim 1{,}8 \text{ mm}\,,$$

$$G_{l_1} = 5{,}4 \text{ kg}, \text{ also } G_1 = 200 \cdot 5{,}4 = 1080 \text{ kg}.$$

2. Abschnitt.

$$n\delta^2 = \frac{1{,}27 \cdot 8880}{1400} = 8{,}05\,,$$

$$\delta = \sqrt{\frac{8{,}05}{216}} = 0{,}193 \sim 2 \text{ mm}\,,$$

$$G_{l_2} = 6{,}65 \text{ kg}, \text{ also } G_2 = 200 \cdot 6{,}65 = 1330 \text{ kg}.$$

3. Abschnitt.

$$n\delta^2 = \frac{1{,}27 \cdot 10210}{1400} = 9{,}27\,,$$

$$\delta = \sqrt{\frac{9{,}27}{216}} = 2{,}07 \sim 2{,}1 \text{ mm}\,,$$

$$G_{l_3} = 7{,}30 \text{ kg}, \text{ also } G_3 = 200 \cdot 7{,}30 = 1460 \text{ kg}.$$

4. Abschnitt.

$$n\delta^2 = \frac{1{,}27 \cdot 11670}{1400} = 10{,}6\,,$$

$$\delta = \sqrt{\frac{10{,}6}{216}} = 0{,}221 \sim 2{,}2 \text{ mm}$$

$$G_{l_4} = 8{,}00 \text{ kg}, \text{ also } G_4 = 200 \cdot 8{,}00 = 1600 \text{ kg}.$$

5. Abschnitt.

$$n\delta^2 = \frac{1{,}27 \cdot 13270}{1400} = 12{,}05$$

$$\delta = \sqrt{\frac{12{,}05}{216}} = 2{,}36 \sim 2{,}4 \text{ mm}.$$

$$G_{l_5} = 9{,}54 \text{ kg}, \text{ also } G_5 = 200 \cdot 9{,}54 = 1908 \text{ kg}.$$

Das Gewicht des ganzen Seiles beträgt: $G = G_1 + G_2 + G_3 + G_4 + G_5 =$ **7378 kg** gegen **13000 kg** des zylindrischen Seiles. Das oberste Seilstück hat einen Durchmesser von $d = 52$ mm gegen 60 mm des zylindrischen Seiles.

Das Gewicht des nach der theoretischen Form begrenzten Seiles ergibt sich nach der am Anfang dieses Abschnittes aufgestellten Gleichung zu $G = 6670$ kg.

d) Die zusätzliche Biegungsbeanspruchung. Wenn auch in der obigen Berechnung der Seile gewisse zusätzliche Beanspruchungen, die bei der Zugbelastung auftreten, vernachlässigt worden sind, weil sie rechnerisch nicht mit genügender Genauigkeit zu fassen sind, so darf doch diese Methode nicht dazu führen, daß jede andere Art der Beanspruchung gegenüber der Zugbeanspruchung als geringfügig angesehen wird. Es treten neben der Zugbeanspruchung noch Spannungen auf, die sehr wohl einer rechnerischen Kontrolle zugänglich sind, und die auch im praktischen Betriebe unter Umständen Werte annehmen, die zu einer Beachtung zwingen.

Beim Lauf über die Seilscheibe und Trommel wird das Seil direkt gebogen und zwar gerade in den oberen Seilquerschnitten, die schon durch die Zugbelastung am meisten beansprucht sind. Die aus der Biegung folgende Biegungsspannung σ_b addiert sich zur Zugspannung σ_z, so daß man als gesamte Normalspannung der statischen Belastung erhält $\sigma = \sigma_z + \sigma_b$. Die Biegungsspannung wird um so größer sein, je kleiner der Radius ist, um den das Seil gebogen wird. Die Biegungsspannung oder die resultierende Spannung σ wird also maßgebend für die Wahl von Seilscheiben und Trommeldurchmesser sein. Für die Berechnung dieser Biegungsspannung gilt natürlich das gleiche, was am Ende des allgemeinen Teiles dieses Kapitels über die Berechnung von Spannungen im Seil gesagt worden ist.

Die alte von Reuleaux stammende Theorie nimmt wiederum an, daß die Drähte unabhängig von einander seien und daß sich jeder von ihnen bei der Biegung wie ein einfacher gerader Stab verhält.

Bezeichnet D den Durchmesser der Scheibe, δ den Drahtdurchmesser, φ den Bogen, den das Seil an der Scheibe umfaßt, und sieht man davon ab, daß die Drähte wegen ihren Windungen länger sind als die Seilachse, so ist $1/2\,(D+\delta)\cdot\varphi$ die Länge der Drahtachse, wenn man sich einen einzelnen Draht um die Scheibe D gebogen denkt. Der Seildurchmesser d wird also vernachlässigt, denn der äußerste Draht des Seiles ist um den Radius $(D/2 + d)$ gebogen. Die Länge der Achse bleibt während der Biegung unverändert. Die Länge der äußersten Faser ist vor der Biegung ebenso groß. Durch die Biegung wird sie gedehnt auf die Länge $1/2\,(D + 2\delta)\cdot\varphi$, wenn, wie angenommen werden kann, die Querschnitte des Drahtes eben bleiben, daher beträgt die Verlängerung

$$1/2\,(D + 2\,\delta)\,\varphi - 1/2\,(D+\delta)\,\varphi = 1/2\,\delta\cdot\varphi\,.$$

Das Verhältnis der Verlängerung zur ursprünglichen Länge ist die Dehnung »ε«:

$$\varepsilon = \frac{1/2\,\delta\cdot\varphi}{1/2\,(D+\delta)\,\varphi}\,.$$

Wenn vorher der Seildurchmesser gegenüber dem Scheibendurchmesser vernachlässigt worden ist, kann erst recht der Drahtdurchmesser δ gegenüber D vernachlässigt werden. Für ε erhält man dann die Beziehung

$$\varepsilon = \frac{\delta}{D}\,.$$

Solange das Hooksche Gesetz gilt, ruft diese Dehnung eine Spannung hervor $\sigma = \frac{\varepsilon}{\alpha}$, wenn α der Dehnungskoeffizient des Drahtmaterials ist. Für die Biegungsspannung in der äußersten Faser des Drahtes ergibt sich daher der Wert:

7) $$\sigma_b = \frac{1}{\alpha} \cdot \frac{\delta}{D}.$$

Man glaubte früher, daß diese Gleichung 7 zu kleine Werte für die Biegungsspannung angibt. Man sagte, die Annahme, daß sich jeder Draht unabhängig von den anderen biegt, ist falsch, die Drähte sind durch erhebliche Reibungskräfte miteinander verbunden, die die Aufnahme von Schubkräften gestatten. Der richtige Wert wird also zwischen dem berechneten und dem viel größeren liegen, den man erhält, wenn man das ganze Seil als festen Stab auffaßt.

Das Resultat für diese Annahme erhält man durch Einsetzen des Seildurchmesser d für δ in Gleichung 7.

In Wirklichkeit gibt aber Gl. 7 eher zu große Werte für die Biegung an. Der Draht kann nicht als gerader Stab angesehen werden, der auf die Krümmung des Seilscheibenumfanges gebogen wird, sondern der Draht bildet die oben beschriebene Schraubenlinie, deren Krümmung durch die Biegung etwas geändert wird. Auf dieser Erscheinung beruht gerade die Biegsamkeit des Seiles gegenüber dem festen Stab oder einem Bündel von geraden Drähten. Dabei muß die erste Annahme, daß sich jeder Draht unabhängig von dem anderen biegt, als der Wirklichkeit fast entsprechend beibehalten werden. Denn würde jedes Drahtelement infolge der Reibung zwischen Seele und Drähten und zwischen den Drähten Schubspannungen von entsprechender Größe wie die Zugspannungen aufnehmen können, so würde das Seil nicht die wesentlich größere Biegsamkeit gegenüber dem Stab haben.

Bach (Maschinenelemente) glich den Fehler der Reuleauxschen Gleichung dadurch aus, daß er einen Korrekturkoeffizienten β einführte, den er zu 3/8 annahm. Er findet diesen Wert durch die Überlegung, daß die Seile bei Biegungen über die in der Praxis üblichen Scheibendurchmesser tatsächlich nicht zerstört werden, so daß es unwahrscheinlich ist, daß durch die Biegung höhere Spannungen auftreten, als sonst im Maschinenbau üblich sind.

Durch Einführung eines Korrekturkoeffizienten $\beta = 3/8$ geht Gl. 7 über in

$$\sigma_b = \beta \cdot \frac{1}{\alpha} \cdot \frac{\delta}{D}.$$

Das Produkt $\beta \cdot 1/\alpha$ stellt gewissermaßen den reziproken Wert eines neuen, größeren Dehnungskoeffizienten dar, der sich ungefähr deckt mit dem von Bach unabhängig von der obigen Überlegung festgestellten Dehnungskoeffizienten α_0 des ganzen Seiles.

Dieser Dehnungskoeffizient kann durch normale Dehnungsversuche gefunden werden, als ob das Seil ein homogener Körper wie das Drahtmaterial wäre mit einem Querschnitt f gleich der Summe der Drahtquerschnitte. Stellt man bei einem Seil eine Verlängerung λ_0 fest, so erhält man aus ihr durch Division durch die Meßlänge l die Seildehnung ε:

$$\varepsilon = \frac{\lambda_0}{l}.$$

Auch die Seildehnungen sind der Belastung ungefähr proportional, so daß man ein Hookesches Gesetz aufstellen kann

$$\varepsilon = \alpha_0 \cdot \sigma .$$

Die so berechnete Spannung σ stimmt aber nur dann mit dem nach dem Vorigen als maßgebend zugrunde gelegten Wert Q/f überein, wenn eben der Dehnungskoeffizient α_0 des Seiles so gewählt ist, daß

$$\frac{\lambda_0}{l} = \alpha_0 \cdot \frac{Q}{f},$$

also $\alpha_0 = \dfrac{\lambda_0 \cdot f}{l \cdot Q}$ = Dehnungskoeffizient des Seiles.

Die Verlängerungen λ_0 des Seiles sind, wie bereits erwähnt, infolge der Schraubenlinie des Drahtes größer als die des Drahtmaterials. Es ist daher auch α_0 größer als das α des einzelnen Drahtes. Das Verhältnis α/α_0 ist nach Bach rund 3/8.

Den Übergang von den Seilverlängerungen λ_0 auf die Zugspannungen im Draht bildet notwendigerweise der Dehnungskoeffizient α_0 des Seiles. Dagegen bietet er nur ein vorläufiges Mittel, wie auch Bach hervorhebt, Biegungsspannungen im Draht zu berechnen, solange ein besserer Weg noch nicht bekannt ist.

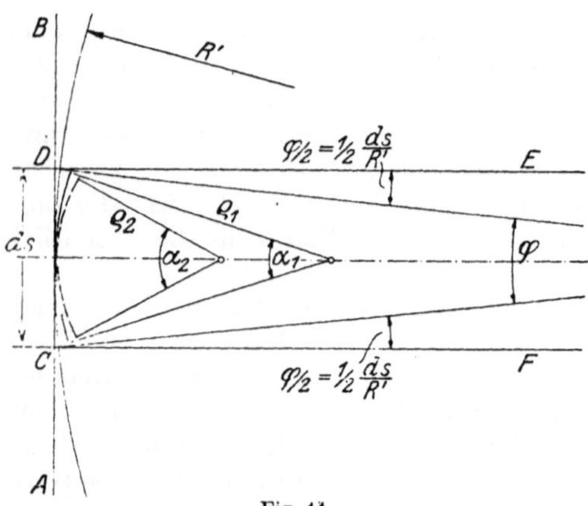

Fig. 11.

Hrabak geht noch einen Schritt weiter, indem er aus dem experimentell gefundenen Dehnungskoeffizient des Seiles rückwärts auf einen scheinbaren Dehnungskoeffizienten des Drahtes schließt allein aus der geometrischen Form, der Schraubenlinie, des Drahtes unter der stillschweigend gemachten Annahme, daß der Seelendurchmesser, das ist der ungefähre Durchmesser der Schraubenlinie, bei der Dehnung unverändert bleibt.

Es erscheint aber ebenso kaum möglich durch Einsetzen dieses scheinbaren Dehnungkoeffizienten des Drahtes von Hrabak in die Reuleauxsche Biegungsgleichung, die voraussetzt, daß ein prismatischer, nicht schraubenförmiger Draht der Biegung unterworfen wird, die tatsächlichen Biegungsspannungen im Draht zu berechnen.

Die Berechnung der Biegungsspannung im Draht muß von der Formänderung des Drahtes selbst und nicht von der des Seiles ausgehen.

In der neueren Literatur geht Bock (Glückauf 1909) auf die Formänderung des Drahtes zur Berechnung der Biegungsspannung ein. Er berechnet die Krümmungsänderung, die die Schraubenlinie des Drahtes durch die Seilbiegung erfährt. Sein Gedankengang ist folgender:

Wird das Seil auf eine Scheibe mit dem Radius R gebogen, so wird jeder Draht entsprechend seiner Lage im Seil auf einen größeren Radius R' gebogen. Von der Geraden AB (s. Fig. 11) betrachte man ein Stück ds. Wird ds auf den Radius R' gebogen, so drehen sich die beiden Lote DE und CF jedes um den Winkel $\varphi/2 = 1/2\, ds/R'$, denn, solange ds durch die Biegung seine Länge behält, gilt $ds = \varphi \cdot R'$. Unverändert bleibt bei der Biegung z. B. die Länge der Seilachse und auch der Drahtachse. Liegt nun in der Krümmungsebene von R' ein bereits gekrümmtes Drahtelement von gleicher Länge ds mit dem Krümmungsradius ϱ_1, so werden die beiden Radien in den Endpunkten des Drahtelementes um den gleichen Winkel bei der Biegung der Geraden auf R' gedreht wie die Lote DE und CF. Die Änderung des Winkels α_1 auf α_2 beträgt also:

$$\text{8)} \qquad \alpha_2 - \alpha_1 = ds/R' = \Delta\alpha$$

oder, da bei unveränderter Länge der Drahtachse $\varrho_1 \cdot \alpha_1 = ds = \varrho_2 \cdot \alpha_2$, gilt

$$\frac{ds}{\varrho_2} - \frac{ds}{\varrho_1} = \frac{ds}{R'}\,.$$

$$\text{9)} \qquad \frac{1}{\varrho_2} - \frac{1}{\varrho_1} = \frac{1}{R'} = \Delta\,(1/\varrho)\,.$$

Das ist die Änderung des Krümmungsradius.

Das Drahtelement ds liegt aber in Wirklichkeit nicht in der Krümmungsebene der Geraden, die bei der Biegung des Seiles auf R' gebogen wird, d. h. in der Krümmungsebene der Seilachse und der Seilscheibe, sondern kreuzt die Seilachse unter einem Winkel γ. Dieser Winkel werde vor und nach der Biegung als unverändert angenommen, was mit genügender Annäherung der Wirklichkeit entspricht.

Man kann das unter γ zur Seilachse geneigte Bogenelement ds mit dem Krümmungsradius ϱ_1 als Element einer Schraubenlinie auf einem Zylinder mit einem Radius R_1 ansehen, der auf der Krümmungsebene des Seiles senkrecht steht. Das ist aber nur für diejenigen Punkte der Drahtachse möglich, für die die Krümmungsebene der Seilachse die Draht- und Litzenachse so schneidet, daß beide Schnittpunkte auf einem Radius R der Seilkrümmung liegen. Diese Bedingung ist nur für den äußersten und innersten Punkt einer Litze erfüllt, die bei der Biegung des Seiles in der Biegungsebene der Seilachse liegen. Der Zylinder R_1 schneidet die Krümmungsebene des Seiles in einem Kreis mit dem Radius R_1. Nach der allgemeinen Gleichung der Schraubenlinie besteht die Beziehung

$$\varrho_1 = \frac{R_1}{\cos^2\gamma}\,,$$

wenn γ den Neigungswinkel des Drahtes gegen die Seilachse bedeutet.

Durch die Biegung des Seiles auf den Radius R' ändert sich ϱ_1 auf ϱ_2 und R_1 auf R_2. Sieht man jetzt das Element ds mit dem

Radius ϱ_2 als Element einer neuen Schraubenlinie an, so besteht wieder die Beziehung

$$\varrho_2 = \frac{R_2}{\cos^2\gamma}.$$

Der Kreisbogen mit dem Radius R_1 liegt aber in der Ebene von R'. Nach dem ersten Teil der Betrachtung gilt daher für die Änderung von R_1 die Gleichung 9, also

$$10) \qquad \frac{1}{R_2} - \frac{1}{R_1} = \frac{1}{R'}.$$

Ersetzt man R_1 und R_2 durch die Krümmungsradien ϱ_1 und ϱ_2 nach den oben stehenden Beziehungen, so erhält man:

$$\frac{1}{\varrho_2 \cdot \cos^2\gamma} - \frac{1}{\varrho_1 \cdot \cos^2\gamma} = \frac{1}{R'}.$$

$$11) \qquad \left(\frac{1}{\varrho_2} - \frac{1}{\varrho_1}\right) = \frac{1}{R'} \cdot \cos^2\gamma = \Delta\left(\frac{1}{\varrho}\right).$$

Damit ist der Einfluß der Neigung des Drahtelementes gegen die Seilachse gefunden. Die Winkeländerung der das Drahtelement ds begrenzenden Radien ist bei Unveränderlichkeit des Drahtachsenelementes ds durch die Biegung nach der Ableitung der Gl. 8 und 9 allgemein gegeben zu:

$$\Delta\alpha = \Delta\left(\frac{1}{\varrho}\right) \cdot ds.$$

Die Verlängerungen der äußersten Faser eines Drahtes infolge der Seilbiegung beträgt unter der Voraussetzung, daß die Querschnitte des Drahtes eben bleiben, was mit der Erfahrung gut übereinstimmt:

$$\lambda = \Delta\alpha \cdot \frac{\delta}{2} = \Delta\left(\frac{1}{\varrho}\right) \cdot ds \cdot \frac{\delta}{2}.$$

Bezieht man alle Verlängerungen auf die unveränderte Länge der Drahtachse ds, so erhält man als Dehnung

$$\varepsilon = \frac{\lambda}{ds} = \Delta\left(\frac{1}{\varrho}\right) \cdot \frac{\delta}{2}$$

einen für die äußersten auf Zug beanspruchten Fasern etwas zu großen Wert, der aber bei der Kleinheit von δ im Verhältnis zu ϱ der Wirklichkeit sehr nahe kommt.

Auch das einmal über die Streckgrenze hinaus beanspruchte Material folgt bei einer neuen Belastung, solange diese innerhalb der Elastizitätsgrenze bleibt, dem Hookesschen Gesetz, wenigstens, soweit der vorher besprochene Spannungsausgleich vorausgesetzt werden kann.

Für die Berechnung der Spannung kann man also die Gleichung $\varepsilon = \alpha \cdot \sigma$ zugrunde legen.

Man erhält als Biegungsspannung in der äußersten Drahtfaser infolge der Biegung des Seiles über einen Radius R

$$12)\qquad \sigma_b = \left[\frac{1}{\alpha} \cdot \varDelta\left(\frac{1}{\varrho}\right) \cdot \frac{\delta}{2}\right] = \left[\frac{1}{\alpha} \cdot \frac{\delta}{2\,R'} \cdot \cos^2\gamma\right],$$

wenn man für $\varDelta(1/\varrho)$ den in Gl. 11 gefundenen Wert einsetzt.

Mit Rücksicht auf Gleichung 10 gilt Gleichung 12 mit dem berechneten Wert von $\varDelta\ 1/\varrho$ nur für die oben angegebenen Punkte. Wird dagegen $\varDelta\ 1/\varrho$ durch direkte Messung gefunden, so kann man mit Gleichung 12 die Biegungsspannung an jeder beliebigen Stelle des Seiles berechnen. Eine solche Messung der Änderung des Krümmungsradius am gebogenen Seil zeigt, daß die erwähnten Punkte die der größten Krümmungsänderung, also größten Biegungsanstrengungen sind.

Aus der Gleichung 12 ist der Einfluß der Flechtart des Seiles ohne weiteres zu erkennen. Bei einem Kreuzschlagseil läuft die Schraubenlinie des Drahtes an der äußersten, am meisten beanspruchten Stelle des Seiles der Seilachse fast parallel, γ wird fast zu null. Dadurch geht Gleichung 12 mit $\cos^2\gamma \sim 1$ in die von Reuleaux aufgestellte Gleichung über unter Vernachlässigung des geringen Unterschiedes zwischen R' und R. Für die Seile mit Längsschlag hat γ an dieser Stelle den Wert $\sim 25^\circ$. Damit wird $\cos^2\gamma \sim 0{,}8$, und die Biegungsspannung wird kleiner. Dafür ist der Winkel bei diesen Seilen auf der Innenseite der Litze klein, und also dort die Biegungsspannung größer.

Immerhin ist aber der Einfluß des Winkels γ nicht von entscheidender Bedeutung, wenn sich innerhalb der vorkommenden Winkel von 0° bis 25° der Wert der Biegungsspannung nur um $\sim 20\%$ ändert. Auch mehrfach geflochtene Seile zeigen nach dieser Gleichung kein wesentlich anderes Verhalten. Die Flechtart ist auf die Änderung des Krümmungsradius ϱ und damit auf die Biegungsspannung nur insoweit von Einfluß, als sich durch sie γ ändert. Der Vorteil mehrfach geflochtener Seile bezüglich der Biegung beruht nach Gleichung 12 im wesentlichen in der Möglichkeit der Verwendung dünnerer Drähte. Mit kleiner werdendem δ sinkt natürlich die Biegungsspannung. Das Verhältnis δ/R ist maßgebend für den Wert von σ_b. Es ist in jedem Fall empfehlenswert, durch die Wahl eines möglichst großen R σ_b so klein als möglich zu halten. Die Durchrechnung nach Gleichung 12 und das später angeführte Diagramm zeigen, daß dadurch die Biegung auf Werte von zunächst nicht mehr entscheidender Bedeutung gebracht werden kann. Wohl aber werden die Biegungsspannungen auch dann, da sie sich an den gefährdeten Stellen zu den Zugspannungen addieren und bei ihrer in größerem Maße wechselnden Stärke und Richtung, zu einer Ermüdung des Materials beitragen und dadurch schließlich den Bruch beschleunigen.

e) Die zusätzliche Drehbeanspruchung. Es finden sich in der Literatur nur wenig Hinweise darauf, daß der Draht im Seil auch auf Drehung beansprucht wird. Auch Hrabak hebt in seinem Buche »Die Drahtseile« ausdrücklich hervor, daß eine Prüfung des Seilmaterials auf Verwindung nicht unbedingt erforderlich ist, da diese Beanspruchungsart im praktischen Betriebe im Seil nicht auftritt.

Nun ist aber die Zugbelastung des Seiles infolge der eintretenden Verlängerung mit einer Dehnung der Schraubenlinie des Drahtes, also mit einer Drehbeanspruchung wie bei jeder gewöhnlichen Schraubenfeder verbunden. Diese Drehbeanspruchung wird allerdings gering sein, weil einerseits die Seilverlängerungen verhältnismäßig klein zur ganzen Länge des Seiles und im Vergleich zu den Längenänderungen einer normalen Schraubenfeder sind, und weil andererseits im allgemeinen der Draht zweifach gewunden ist. Die Änderung der Schraubenlinie der Litzenachse stellt in diesem Fall die Seilverlängerung dar. Die Schraubenlinie des Drahtes wird etwas weniger geändert. Man muß die dauernde Verlängerung in der ersten Arbeitszeit des Seiles besonders betrachten. Diese Verlängerung kann zwar erhebliche, einmalige Spannungen hervorrufen, aber diese Spannungen führen zu dauernden Dehnungen, d. h. zu einem mehr oder weniger vollkommenen Spannungsausgleich. Es kommt hier auf die regelmäßig wiederkehrenden Drehspannungen infolge elastischer Dehnungen des Seiles an, und diese sind klein. Jedenfalls lehrt die Erfahrung, daß Drahtbrüche nicht infolge von Torsion, wie an der Form der Bruchstelle kenntlich ist, auftreten, sondern infolge von Normalspannungen. Auf die Art der Berechnung dieser Drehspannungen soll später hingewiesen werden.

Eine weitere Drehbeanspruchung, die einer rechnerischen Kontrolle zugänglich ist, ruft die Biegung des Seiles hervor. Dabei sind zwei Fälle zu unterscheiden.

Zunächst war bei der Berechnung der Biegung der Neigungswinkel γ der Schraubenlinie eines Drahtes als unveränderlich angenommen worden, eine Annahme, die der Wirklichkeit angenähert entsprach, so daß mit der Biegung keine Dehnung der Schraubenlinie verbunden gedacht ist. Trotzdem bleibt eine kleine Drehbeanspruchung bestehen, denn nicht nur bei einer Reckung der Schraubenfeder, also Änderung von γ, tritt eine Drehbeanspruchung auf, sondern auch bei einer Aufwicklung einer solchen Feder bei

$$\gamma = \text{const.}$$

auf einen Zylinder mit verändertem Radius, eine Anschauung, die der Biegungsbetrachtung zugrunde gelegt worden ist.

Getrennt hiervon wäre als zweiter Fall der Einfluß einer Änderung des Winkels γ zu betrachten.

Man kann sich die Verhältnisse für die Voraussetzung $\gamma = \text{const.}$ durch folgende Überlegung klar machen, wieder unter der Annahme, daß sich jeder Draht so verhält, als wäre er aus dem Verbande des Seiles herausgelöst: Der Winkel, um den ein Draht bei der Wicklung zur Schraubenlinie gedreht wird, ist abhängig von der Ganghöhe h der Schraubenlinie. Ist sie gleich null, wird also der Draht von der Länge »s« in der Ebene zu einem Kreis gebogen, so daß die Enden des Drahtstückes stumpf aneinanderstoßen, so ist die Drehung gleich null. Werden jetzt die beiden Enden des Drahtes auf einer Geraden senkrecht zur Kreisebene, das eine nach oben, das andere nach unten auseinandergezogen, so daß die Schraubenlinie entsteht, wobei zu beachten ist, daß die innerste Linie des Drahtes auch innen bleibt, so werden die einzelnen Querschnitte des Drahtes gegeneinander verdreht. Der Drehwinkel beträgt 2π, wenn der Draht bis zur gestreckten Lage auseinandergezogen wird, die Ganghöhe h also gleich »s« geworden ist. Der Drehwinkel wächst proportional mit der Ganghöhe h und verteilt sich gleichmäßig über die ganze Länge des Drahtes. Es besteht die Beziehung, wenn φ den ganzen Drehwinkel für einen Schraubengang bedeutet:

$$\frac{2\pi}{\varphi} = \frac{s}{h}, \quad \varphi = \frac{2\pi h}{s}.$$

Sieht man ein Drahtelement ds, ähnlich wie bei der Biegungsbetrachtung, als Element einer Schraubenlinie auf dem dort benutzten Zylinder mit dem Radius R_1 an, und denkt man sich diesen Zylinder in die Ebene abgewickelt, so entsteht das Bild der Figur 12.

Die Betrachtung fußt also auf der gleichen Grundlage wie die Berechnungen der Biegungsspannungen. Es gelten daher die im Folgenden abgeleiteten Gleichungen für die Drehspannungen nur an den gleichen Stellen des Seiles, für die auch die Biegungsgleichungen aufgestellt worden sind. Aus Fig. 12 kann man ganz allgemein ablesen:

$$\frac{h}{s} = \sin\gamma.$$

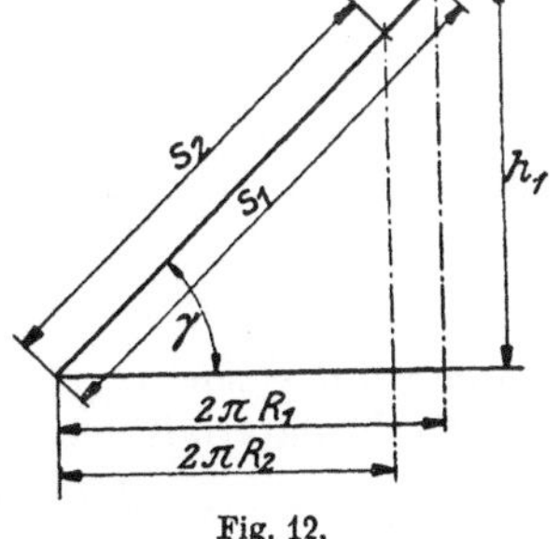

Fig. 12.

Der Ausdruck für den Winkel φ geht also über in

13) $$\varphi = 2\pi \cdot \sin\gamma.$$

φ ist konstant, solange γ konstant ist.

Der Drehwinkel für die Längeneinheit beträgt

$$\vartheta = \frac{\varphi}{s}.$$

Der Wert ϑ kann sich ändern auch bei konstanten φ und γ durch die Änderung von s.

Das ist bei einem Drahtseil der Fall ganz unabhängig davon, ob der Drehwinkel φ schon bei der Herstellung aufgetreten ist oder nicht. Die Änderung von ϑ ruft eine Drehbeanspruchung hervor.

Durch die Biegung des Seiles wurde die Grundlinie des Dreiecks Fig. 12 auf den Wert $2\pi R_2$ verändert, z. B. verkleinert. Durch die Verkleinerung des Zylinderumfanges auf $2\pi R_2$ wird auch die Bogenlänge s kleiner und der Drehwinkel φ verteilt sich jetzt auf die kleinere Länge s_2. Der verhältnismäßige Drehwinkel

$$\vartheta_2 = \frac{\varphi}{s_2}$$

ist also größer geworden als $\frac{\varphi}{s_1}$. Denkt man sich die Bogenlänge s

noch einmal aufgewickelt auf den Zylinder $2\pi R_1$ und schneidet man den Streifen entsprechend der Differenz $2\pi R_1 - 2\pi R_2$ heraus, so muß jetzt der Zylinder zusammengebogen werden, bis er sich schließt, um die neue Schraubenlinie herzustellen. Dieses Zusammenbiegen erfolgt durch die Biegung des Seiles. Durch das Ausschneiden des Streifens wurde s kleiner, der gesamte Drehwinkel also auch, da er sich gleichmäßig über s verteilt.

Durch das Schließen des neuen Zylinders wird das Reststück der Bogenlänge so weit gedreht, daß der Wert φ wieder erreicht wird.

Diese Drehung um den Betrag

$$\varDelta\vartheta = \frac{\varphi}{s_2} - \frac{\varphi}{s_1}$$

ruft eine entsprechende zusätzliche Drehbeanspruchung hervor.

Nach Fig. 12 gelten die Beziehungen:

$$s_1 = \frac{2\pi R_1}{\cos\gamma}, \quad s_2 = \frac{2\pi R_2}{\cos\gamma},$$

daraus:

$$\frac{s_1}{s_2} = \frac{R_1}{R_2}, \quad s_2 = s_1\frac{R_2}{R_1}.$$

Durch Einsetzen in den Ausdruck für $\varDelta\vartheta$ ergibt sich:

$$\varDelta\vartheta = \frac{\varphi}{s_1}\left(\frac{R_1}{R_2} - 1\right).$$

Der Zusammenhang zwischen $\varDelta\vartheta$ und der größten Drehspannung ist nach der Festigkeitslehre gegeben durch:

$$\varDelta\vartheta = \frac{2\cdot\tau\cdot\beta}{\delta},$$

wenn τ die gesuchte größte Schubspannung und β der Schubkoeffizient des Drahtmaterials ist. Mit Verwendung der Gleichung 13 erhält man:

$$\frac{2\pi\cdot\sin\gamma}{s_1}\cdot\left(\frac{R_1}{R_2} - 1\right) = \frac{2\cdot\tau\cdot\beta}{\delta}.$$

Setzt man $s_1 = \frac{2\pi R_1}{\cos\gamma}$ ein und beachtet Gleichung 10, so ergibt sich

$$\tau = \frac{\delta\cdot\sin\gamma\cdot\cos\gamma}{2\cdot R'\cdot\beta} \tag{14}$$

der Wert der gesuchten Drehbeanspruchung, der ähnlich wie der der Biegungsspannung bei einem fertigen Seil nur abhängig ist von der Drahtstärke δ und dem Biegungsradius des Seiles R'. Wird z. B. ein Seil mit $\delta = 0{,}2$ cm auf einen Radius $R' = 400$ cm gebogen, so erhält man mit $\beta = \frac{1}{850\,000}$ und $\gamma = 25^0$.

$$\tau = \frac{850\,000\cdot 0{,}2\cdot 0{,}422\cdot 0{,}906}{2\cdot 400} = 81{,}5\ \text{kg/cm}^2$$

einen verhältnismäßig kleinen Wert.

Bei kleiner werdendem R' ändert sich τ umgekehrt proportional.

Da γ bei mehrfach geflochtenen Seilen längs des Drahtes verschiedene Werte annimmt, ergeben sich auch verschiedene Werte für τ. Die Drehspannungen haben aber das Streben, sich auszugleichen. Der Ausgleich wird erfolgen, soweit es die gegenseitige Beeinflussung der Drähte im Seilverband gestattet. Es sind aber sehr wohl verschiedene Drehspannungen möglich. Die berechneten Spannungen stellen Grenzwerte dar, zwischen denen die tatsächlichen mehr oder weniger vollkommen ausgeglichen liegen werden.

Werte von etwas anderer Größenordnung ergeben sich im zweiten Fall, wenn die Biegung des Seiles so stark ist, daß mit der Änderung von R_1 auf R_2 auch eine Änderung des Winkels γ_1 auf γ_2 eintritt.

Eine Änderung von γ bedeutet eine Änderung der Ganghöhe h. Die daraus folgende Spannung berechnet man am einfachsten unter der Annahme eines unveränderlichen R_1. Die Wirkung der Veränderung von R_1 auf R_2 ist ja vorher bestimmt worden. Beide Spannungen kann man dann vereinigen, und zwar sind sie zu addieren, wenn mit einer Verkleinerung von γ eine Verkleinerung von ϱ verbunden ist und umgekehrt. Erfolgt die Veränderung einer der beiden Größen in umgekehrtem Sinne, sind die Spannungen zu subtrahieren. ϱ wird kleiner, wenn der Draht mit seiner konkaven Seite nach der Mitte der Seilscheibe, dem Krümmungsmittelpunkt des Seiles zu liegt.

Zur Bestimmung der neuen Schubspannung bei konstantem R_1 dienen folgende Beziehungen, die wieder aus Fig. 12 abzulesen sind:

$$h_1 = 2\pi \cdot R_1 \cdot \operatorname{tg} \gamma_1$$

und entsprechend, da $R_1 = R_2$ angenommen,

$$h_2 = 2\pi \cdot R_1 \cdot \operatorname{tg} \gamma_2$$

$$h_2 - h_1 = 2\pi R_1 (\operatorname{tg} \gamma_2 - \operatorname{tg} \gamma_1) = f\,.$$

Der Zusammenhang zwischen der Änderung der Ganghöhe h und der größten Schubspannung τ' ist nach der Festigkeitslehre gegeben durch

$$f = \frac{4\pi R_1^2 \cdot \tau' \cdot \beta}{\delta},$$

also

$$(\operatorname{tg} \gamma_2 - \operatorname{tg} \gamma_1) = \frac{2 R_1 \cdot \tau' \cdot \beta}{\delta}.$$

Beachtet man die Beziehung:

$$\varrho_1 = \frac{R_1}{\cos^2 \gamma_1},$$

so kann man schreiben:

$$\operatorname{tg} \gamma_2 - \operatorname{tg} \gamma_1 = \frac{2\varrho_1 \cdot \cos^2 \gamma_1 \cdot \tau' \cdot \beta}{\delta}.$$

15) $$\tau' = \frac{\delta \cdot (\operatorname{tg} \gamma_2 - \operatorname{tg} \gamma_1)}{2\beta \cdot \varrho_1 \cos^2 \gamma_1},$$

d. h.: Die Schubspannung ändert sich bei einem gegebenen Seil proportional mit der Differenz der Tangenten der Neigungswinkel.

Zu einer Berechnung der Spannungen läßt sich diese Gleichung nicht direkt verwenden, weil der Winkel γ_2 aus einem Versuch bekannt sein muß.

Ermittelt man bei einer Dehnung des Seiles γ_2 durch einen Versuch, so kann Gleichung 15 auch dazu dienen, die Drehspannung, die aus einer Zugbelastung des Seiles folgt, zu berechnen. Außerdem ist im Falle einer Zugbelastung eine Berechnung von γ_2 mit der von Bock in seiner bereits erwähnten Arbeit (Glückauf 1909) aufgestellten Gleichung der Schraubenlinie des Drahtes im Seil möglich.

Bezüglich der Drehspannung τ' als Folge einer Seilbiegung liegen die Verhältnisse anders. Hier muß γ_2 durch den Versuch ermittelt werden. Man kann die Betrachtung aber in folgender Weise verwerten:

Die Biegungsspannung war durch die beiden Krümmungsradien ϱ_1 und ϱ_2 gegeben. Dabei konnte ϱ_2 unter der Annahme $\gamma =$ konst. an bestimmten Stellen des Seiles im voraus berechnet werden und daher auch angenähert die Biegungsspannung. Es handelt sich hier nun um die Frage: Welchen Einfluß hat ein durch den Versuch ermittelter abweichender Wert ϱ_2' von dem errechneten ϱ_2 auf den Winkel γ, und welche Drehspannung wurde dadurch vernachlässigt? Bock gibt in seiner Arbeit an, daß die berechneten Werte ϱ_2 von den durch den Versuch gemessenen ϱ_2' um weniger als 1% abweichen, so daß im allgemeinen die Vorausetzung $\gamma =$ konst. gut mit der Wirklichkeit übereinstimmt. Man kann sich also zunächst an die Grenze von 1% halten und fragen: Welche Drehspannung tritt im Draht auf, wenn ϱ_2' um 1% von dem errechneten abweicht? Die Beziehung zwischen ϱ_2' und γ_2 einer Schraubenlinie ist allgemein gegeben durch $\varrho_2' = \frac{R_2}{\cos^2 \gamma_2}$ oder $\frac{1}{R_2} = \frac{1}{\varrho_2' \cdot \cos^2 \gamma_2}$. Beachtet man die Gleichung 10:

$$\frac{1}{R_2} - \frac{1}{R_1} = \frac{1}{R'},$$

so erhält man

$$\frac{1}{\varrho_2' \cdot \cos^2 \gamma_2} = \frac{1}{R'} + \frac{1}{R_1}$$

und mit

$$\varrho_1 = \frac{R_1}{\cos^2 \gamma_1}.$$

16)
$$\varrho_2' = \frac{R' \cdot \varrho_1}{(\varrho_1 \cdot \cos^2 \gamma_1 + R')} \cdot \frac{\cos^2 \gamma_1}{\cos^2 \gamma_2}.$$

Der erste Bruch ist aber der Wert des errechneten ϱ_2 aus der Gl. 11

$$\frac{1}{\varrho_2} - \frac{1}{\varrho_1} = \frac{1}{R'} \cdot \cos^2 \gamma$$

unter der Voraussetzung $\gamma =$ const.

Daher

17)
$$\varrho_2' = \varrho_2 \cdot \frac{\cos^2 \gamma_1}{\cos^2 \gamma_2}.$$

Wenn nun z. B. ϱ_2' um $1\% > \varrho_2$, so wird

$$\frac{\varrho_2'}{\varrho_2} = 1{,}01 = \frac{\cos^2\gamma_1}{\cos^2\gamma_2}.$$

Mit $\gamma_1 = 25^\circ$ ergibt sich aus dieser Gleichung für γ_2 der Wert: $\gamma_2 = 25^\circ\,36'$.

Setzt man diesen Wert in Gleichung 7 ein und nimmt wieder

$$\left.\begin{aligned} \delta &= 0{,}2 \text{ cm} \\ 1/\beta &= 850\,000 \text{ kg/cm}^2 \\ \varrho &= 4 \text{ cm} \end{aligned}\right\},$$

so erhält man:

$$\tau' = \frac{0{,}2 \cdot 850\,000 \cdot 0{,}01285}{2 \cdot 4 \cdot 0{,}822} = 333 \text{ kg/cm}^2.$$

Wenn auch die Spannung an sich noch gering ist, so erkennt man doch die Tatsache, daß eine Änderung des Winkels γ um $\sim 1/2^\circ$

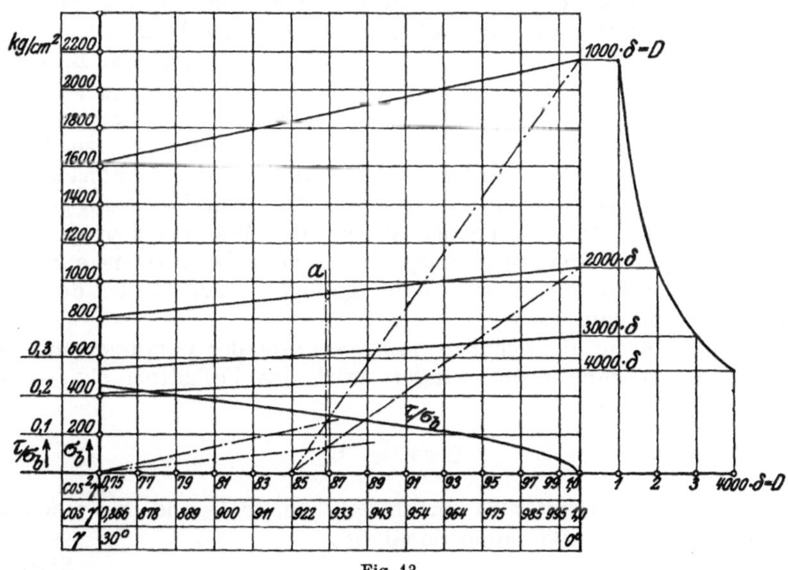

Fig. 13.

bereits 333 kg/cm² Drehspannung im Draht entstehen läßt. Werden also durch Unregelmäßigkeiten irgendwelcher Art Winkeländerungen im Seil verursacht, so können ganz erhebliche Drehspannungen im Draht auftreten.

f) Die Darstellung der Biegungs- und Drehspannung im Diagramm. Die Biegungsspannungen und die Drehspannungen unter der Voraussetzung $\gamma =$ const. lassen sich in einem einfachen Diagramm über $\cos^2\gamma$ als Abszisse darstellen, s. Fig. 13.

Für die Biegungsspannungen erhält man nach Gl. 12 je eine gerade Linie für einen Wert $\delta/D =$ const., wenn $D = 2R$ den Scheibendurchmesser bedeutet. Alle diese Geraden müssen sich in einem Punkte $\cos^2\gamma = 0$ auf der Abszissenachse schneiden. Eingetragen sind die Geraden in den Grenzen $D = 1000$ bis $4000\,\delta$. Zur Bestimmung von nicht eingetragenen Zwischenwerten $D = x \cdot \delta$ auf der Ordinate $\cos^2 \gamma = 1$ dient die rechts gezeichnete Hyperbel, deren Bedeutung leicht zu erkennen ist, da für $\cos^2 \gamma = \text{const.}$ aus der Biegungsgleichung folgt: $x \cdot \sigma_b = \text{const.}$ Die Richtung der neuen Geraden im Diagramm findet man, wenn man den oben bestimmten Wert mit 0,75 multipliziert und auf der Ordinate $\cos^2 \gamma = 0{,}75$ aufträgt, oder durch Benutzung der strichpunktierten Hilfskonstruktion, die aus der Bedingung folgt, daß sich alle Geraden in einem Punkte schneiden. Jede Verbindungslinie von einem Punkte der rechten Grenzordinate mit dem beliebig gewählten Hilfspunkt 0,85 auf der Abszisse schneidet die Vertikale a in einem Punkte, dessen Verbindungslinie mit dem Koordinatenursprung parallel ist der Diagrammlinie durch den Ausgangspunkt der Konstruktion auf der Ordinate $\cos^2 \gamma = 1$.

Gl. 12 und also auch das Diagramm stellen die Biegungsspannung unter der Voraussetzung dar, daß sich jeder einzelne Draht unabhängig von den anderen Drähten des Seiles biegt. Dann war die Biegungsspannung im wesentlichen von dem Verhältnis δ/D abhängig, jedenfalls unabhängig von dem Seildurchmesser d. Es kann dann auch der notwendige Scheibendurchmesser unabhängig von d allein nach dem Drahtdurchmesser δ gewählt werden. Die Annahme der Unabhängigkeit der einzelnen Drähte voneinander ist sicherlich nur innerhalb gewisser Grenzen erfüllt. Im allgemeinen nimmt die Praxis sicherheitshalber eine Abhängigkeit der Biegungsspannung vom Seildurchmesser d an und berücksichtigt diesen, wie später gezeigt werden soll bei der Wahl des Scheibendurchmessers.

Bildet man für die Schubspannung τ unter der Voraussetzung, daß γ durch die Biegung nicht geändert wird, das Verhältnis τ/σ_b, so erhält man:

$$\tau/\sigma_b = \frac{\alpha}{\beta} \cdot \operatorname{tg} \gamma .$$

Das Verhältnis τ/σ_b ist also unabhängig von δ/D und für einen gegebenen Wert von α/β proportional $\operatorname{tg} \gamma$.

In dem Diagramm wurde die τ/σ_b-Kurve für den Wert $\alpha/\beta = \frac{850000}{2150000}$ dargestellt. Hat man im Diagramm einen Wert von σ_b abgelesen, so erhält man das zugehörige τ durch Multiplikation mit dem auf gleicher Ordinate abzulesenden Wert von τ/σ_b.

3. Die dynamische Beanspruchung der Förderseile.

a) Die zusätzliche Spannung durch Schwingung der Last Q. Die bisher in Betracht gezogenen Belastungskräfte sind die Gewichte der am Seil ruhig hängend gedachten Massen. Sie stellen die sogenannte statische Belastung dar. In Wirklichkeit werden aber diese Massen vom Seil bewegt, d. h. beschleunigt und verzögert. Es kommen also zu den statischen Kräften noch dynamische hinzu.

Stellt man sich im Augenblick das Seil als starren Körper vor, dessen Gewicht am Seilende konzentriert gedacht ist und der durch die Maschine mit der Beschleunigung p angehoben wird, so würde das Seil diese Beschleunigung auf die mit ihm verbundenen Massen übertragen. Die an ihm hängende Masse $M = M_Q + M_G$, entsprechend der am Seil hängenden Last Q und dem Eigengewicht G, belastet es mit der statischen Kraft:

$$Q + G = (M_Q + M_G) \cdot g .$$

Zur Beschleunigung der Masse M mit der Seilbeschleunigung p ist eine Kraft erforderlich

$$\Delta (Q + G) = (M_Q + M_G) \cdot p ,$$

mit der das Seil an der Masse zieht und die sich als Belastungskraft bei der Aufwärtsbewegung zu $(Q + G)$ addiert. Die Belastung beträgt also:

$$P = (Q + G) + \Delta (Q + G) .$$

Aus den beiden ersten Gleichungen ergibt sich:

$$\frac{\Delta (Q + G)}{Q + G} = \frac{p}{g}$$

oder mit Berücksichtigung der dritten Gleichung:

$$P = (Q + G) (1 + p/g) .$$

Dividiert man durch den konstanten tragenden Querschnitt f, so erhält man statt der Kräfte mit gleicher Annäherung wie bei der statischen Berechnung die zugehörigen Zugspannungen

$$18) \qquad \sigma = (\sigma_Q + \sigma_G) \left(1 + \frac{p}{g}\right) = \sigma_Q + \sigma_G + \sigma_p .$$

Denselben Wert nimmt σ bei einem starren Seil an, solange während der Abwärtsbewegungen eine Verzögerung p wirksam ist.

Das Verhältnis p/g stellt das Maß für die Vergrößerung der Spannung durch die Beschleunigungskraft dar. Mit dem üblichen Wert $p = 1{,}5$ m/sec² erhält man:

$$p/g = \frac{1{,}5}{9{,}81} = 0{,}153 ,$$

d. h. die durch die statische Belastung hervorgerufene Zugspannung würde um 15% gesteigert werden.

Nun kann aber das Seil keineswegs als starr angesehen werden, sondern es weist ganz erhebliche Dehnungen auf, die den eben erhaltenen Wert für die Spannungssteigerung wesentlich ändern.

Es soll zunächst wieder angenommen werden, daß die Masse des Seiles am Endpunkt desselben, wo auch die Last Q befestigt ist, konzentriert ist. Im übrigen soll das Seil masselos sein. Das Seil werde durch das konzentrierte Seilgewicht dauernd belastet. Es hat also von vornherein eine gewisse Verlängerung λ_G. Daß diese bei der angenommenen Konzentrierung des Eigengewichtes größer ist als bei der tatsächlichen Verteilung des Gewichtes spielt bei der folgenden Betrachtung keine Rolle. Auch von einer weiteren Wirkung der notwendigen Beschleunigung der Seilmasse M_G werde abgesehen, nur die einfache zur Beschleunigung der Seilmasse notwendige Kraft $p \cdot M_G$ werde, wie eben gerechnet, als Belastungskraft eingeführt. Es soll zunächst vor allem die Wirkung der Masse M_Q der am Seilende hängenden Last Q untersucht werden. Das Gewicht Q belaste das Seil im Augenblick nicht, sondern ruhe auf einer Aufsetzvorrichtung. Das Seil sei aber straff und bilde kein Hängeseil.

Legt man den Aufwärtsgang aus der tiefsten Stellung der Last der Betrachtung zugrunde, so wird bei der Inbetriebsetzung der Maschine die Last Q anfangs nicht angehoben, sondern das Seil wird um λ_Q gedehnt, indem das obere Ende desselben mit der Beschleunigung p bewegt wird, bis die dadurch hervorgerufene Spannkraft gleich dem Gewicht Q geworden ist. Die gesamte Verlängerung des Seiles, hervorgerufen durch $G + Q$ hat jetzt den der statischen Berechnung zugrunde gelegten Wert $\lambda_{QG} = \lambda_Q + \lambda_G$. Sie entspricht auch der Gleichgewichtslage, die eintritt, wenn sich das ganze System mit gleichförmiger Geschwindigkeit bewegt.

Die der Dehnung unterworfene Seillänge werde bei der kurzen Dauer des ganzen Bewegungsvorganges als unveränderlich gleich L angenommen.

Nachdem sich das Seil um λ_Q verlängert hat, wird die Masse M_Q und die mit ihr verbunden gedachte Seilmasse M_G durch die Spannkraft des Seiles mit der veränderlichen Beschleunigung b angehoben, während der Anfang des Seiles sich weiter mit der Beschleunigung p bewegt. Zur Erzeugung der Beschleunigung b muß die Spannkraft des Seiles über den Wert der eben bezeichneten Gleichgewichtslage hinauswachsen, entsprechend auch die Verlängerung. Die Masse M_{QG} bleibt weiter hinter dem Anfangspunkt des Seiles zurück. Die Beschleunigung b wird zunächst so lange wirken, bis durch die weitere Seilverlängerung um λ_p die Spannkraft des Seiles um den Wert $M_{QG} \cdot p$ gewachsen ist. Jetzt überträgt das Seil die volle Beschleunigung p.

Die jetzt vorhandene Seilverlängerung $\lambda_{QG} + \lambda_p$ entspricht der am Anfang dieses Kapitels berechneten Spannung für ein starres Seil $\sigma = \sigma_Q + \sigma_G + \sigma_p$. Sie stellt bei einem elastischen Seil die Gleichgewichtslage für die mit p gleichförmig beschleunigte Bewegung des Systems dar, und würde im vorliegenden Fall verwirklicht bleiben, wenn die Masse M_Q jetzt relativ zum Seil in Ruhe wäre, d. h. alle Punkte des Seiles einschließlich der am Ende hängenden Masse M_Q dieselbe Geschwindigkeit hätten. Das ist aber nicht der Fall, denn der Anfangspunkt des Seiles bewegte sich mit der Beschleunigung p in der Zeit, während die Dehnungen λ_Q und λ_p entstanden, während auf das Ende des Seiles und die Last Q nur die Beschleunigung b wachsend von o bis p in der Zeit wirkte, während sich das Seil um λ_p reckte. Da die Spannungskräfte proportional λ sind, so muß auch die Beschleunigung proportional λ von o bis p wachsen. Man kann daher als mittlere Beschleunigung $p/2$ einführen. Die Masse M_Q ist also mit $p/2$ in der Zeit entsprechend λ_p beschleunigt worden, sie hat eine erheblich geringere absolute Geschwindigkeit als der obere Aufhängepunkt des Seiles, und daher eine nach abwärts gerichtete Relativgeschwindigkeit im Verhältnis zum Seil. Es schließt sich daher der dritte Teil des Bewegungsvorganges an. Es muß eine Beschleunigung weiter auf die Masse M_Q wirken, die infolge der weiteren Verlängerung des Seiles um λ_s größer als p werden wird, die die absolute Geschwindigkeit der Masse M_Q auf den Wert der Geschwindigkeit v bringt, die dann der Anfangspunkt des Seiles hat, oder was dasselbe ist, durch weitere Verlängerung des Seiles um λ_s und das dadurch erfolgende Wachsen der Spannungskräfte muß die nach abwärts gerichtete Relativgeschwindigkeit der Masse M_Q bezogen auf den Aufhängepunkt des Seiles, auf den Wert Null abgebremst werden. Der Aufhängepunkt bewege sich dabei geradlinig aufwärts, um einen einfachen Vergleich der Geschwindigkeiten zu gestatten, eine Auffassung, die sich mit der bereits gemachten Annahme der Unveränderlichkeit der Seillänge »L« deckt. Daß er sich in Wirklichkeit auf dem Umfang der Trommel bewegt, ist für die Betrachtung belanglos.

Bei diesem dritten Teil des Bewegungsvorganges werde das Seilgewicht vernachlässigt. Mit dieser Voraussetzung muß angenommen werden, daß sich die durch die dynamischen Kräfte verursachten Seildehnungen und Spannungen gleichmäßig über die Seillänge verteilen; es bleibt dann der gefährliche Querschnitt der durch die statischen Kräfte am meisten beanspruchte oberste Querschnitt. Über Änderungen in der Lage des gefährlichen Querschnittes s. II, 3e.

Am Ende dieses Bewegungsvorganges beträgt die gesamte Seilverlängerung

$$\lambda_{\max} = (\lambda_Q + \lambda_G + \lambda_p) + \lambda_s .$$

Als Ursache der ersten drei Größen legt also die Rechnung die Wirkung der Massen $M_Q + M_G$ zugrunde, für die letzte Größe aus später angegebenen Gründen nur die Masse M_Q. Der Verlängerung $\lambda_{\max}$ entspricht die größte vorkommende Dehnung $\varepsilon_{\max}$ und ebenso die größte Spannung $\sigma_{\max}$, um deren Berechnung es sich handelt. Bekannt sind bereits die Werte λ_Q, λ_G, λ_p. Allein der Wert λ_s muß noch berechnet werden.

Ist die Verlängerung $\lambda_{\max}$ erreicht, also die Masse M_Q in relativer Ruhe zum Seil, dann haben alle Punkte des Systems die gleiche Geschwindigkeit v. Die Seilverlängerung ist aber um den Betrag λ_s größer als dem Gleichgewicht des gleichförmig beschleunigten Systems entspricht, ebenso ist also auch die Spannungskraft des Seiles zu groß. Die überschüssige Kraft wird die Masse M_Q weiter beschleunigen, die dadurch eine größere Geschwindigkeit als der Aufhängepunkt des Seiles erhält, das Seil kann sich zusammenziehen. Die Masse M_Q bewegt sich jetzt relativ zum Seil aufwärts. Die Beschleunigung wird so lange anhalten, bis durch die Zusammenziehung des Seiles die Verlängerung auf den Wert

$$\lambda = \lambda_Q + \lambda_G + \lambda_p$$

gesunken ist, d. h. bis zur Gleichgewichtslage für gleichförmig beschleunigte Bewegung. In der Gleichgewichtslage hat die Masse M_Q die größte relative Geschwindigkeit, denn es beginnt jetzt die Verzögerung mit einer Kraft gleich der Differenz aus der abwärts gerichteten Kraft $Q + M_Q \cdot p$ und der Spannkraft des Seiles, die jetzt kleiner als die erstere ist.

Die Masse M_Q führt nach dem eben Gesagten eine geradlinige Schwingung aus. Die Seilverlängerungen λ_{sx}, deren größter Wert λ_s ist, gemessen vom Mittelpunkt der Schwingung, stellen die Wege dieser Schwingung dar. Der Mittelpunkt der Schwingung ist in jedem Fall die Gleichgewichtslage, die die schwingende Masse nach Dämpfung der Schwingung erreicht, in dem geschilderten Beispiel ist es die Gleichgewichtslage für gleichförmig beschleunigte Bewegung. Da unter Zugrundelegung des Hookeschen Gesetzes die augenblickliche Schwingungskraft, die Spannkraft des Seiles, der augenblicklichen Verlängerung λ_{sx} proportional ist, so ist die Schwingung eine sogenannte harmonische. Die Größe der Geschwindigkeit, die M_Q im Mittelpunkt der Schwingung erreicht, hätte, wenn die Schwingung ungedämpft wäre, immer denselben Wert, gleichgültig, ob die Richtung aufwärts oder abwärts läuft.

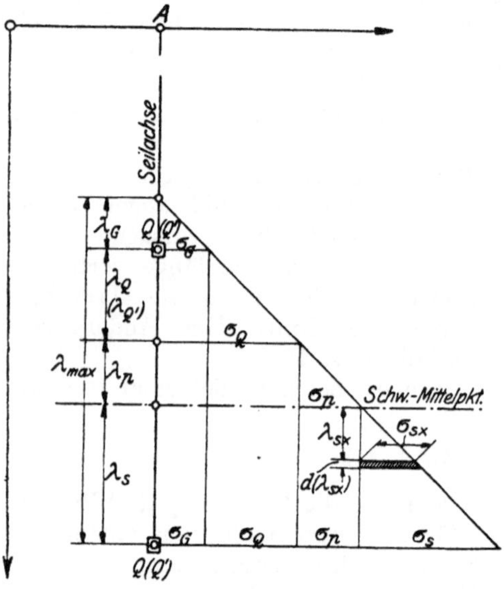

Fig. 14.

Die größte Spannung tritt im Seil bei größter Dehnung auf, d. h. bei größter abwärts gerichteter Schwingungsamplitude λ_s, deren Wert nach dem oben Gesagten aus der kinetischen Energie von M_Q im Schwingungsmittelpunkt zu berechnen ist.

Die Dehnungsarbeit des Seiles nach Überschreitung des Schwingungsmittelpunktes bis zur Erreichung der größten Seilverlängerung $\lambda_{\max}$ muß gleich der kinetischen Energie von M_Q im Schwingungsmittelpunkt sein. Man kann ansetzen, wenn v die abwärts gerichtete Geschwindigkeit im Schwingungsmittelpunkt ist:

$$19) \qquad \frac{M_Q \cdot v^2}{2} = f \cdot \int_0^{\lambda_s} \sigma_{sx} \cdot d\,(\lambda_{sx}) ,$$

worin f den tragenden Seilquerschnitt bedeutet und σ_{sx} die augenblickliche Schwingungsspannung entsprechend λ_{sx}.

Die Seilverlängerungen und die zugehörigen Spannungen sind unter Zugrundelegung des Hookeschen Gesetzes in Fig. 14 veranschaulicht. Die Spannungen sind senkrecht zur Seilachse aufgetragen. Die Diagrammfläche stellt also die Dehnungsarbeit des Seiles dar. Der Ansatz der Gleichung 19 ist aus der Figur ohne weiteres abzulesen.

Das Hookesche Gesetz lautet:

$$\lambda_{sx} = \varepsilon_{sx} \cdot L = \alpha_0 \cdot \sigma_{sx} \cdot L\,,$$

worin α_0 den Dehnungskoeffizient des Seiles und L die während der Schwingung unveränderliche der Dehnung unterworfene Länge desselben bedeutet. Setzt man also

$$\sigma_{sx} = \frac{\lambda_{sx}}{\alpha_0 \cdot L}$$

in die Gleichung 19 ein, so erhält man als Lösung des Integrals:

$$\frac{\lambda_s^2}{2} \cdot \frac{f}{\alpha_0 \cdot L} = \frac{\sigma_s^2}{2} \cdot f \cdot \alpha_0 \cdot L = \frac{M_Q \cdot v^2}{2}\,.$$

$$20) \quad \sigma_s = v\sqrt{\frac{Q}{f \cdot g \cdot L \cdot \alpha_0}} = v\sqrt{\frac{\sigma_Q}{g \cdot \alpha_0 \cdot L}} = v \cdot \sigma_Q \sqrt{\frac{1}{\sigma_Q \cdot \alpha_0 \cdot L \cdot g}}\,.$$

Benutzt man das Hookesche Gesetz in der Form $\dfrac{1}{\sigma_Q \cdot \alpha_0} = \dfrac{1}{\varepsilon_Q}$ und weiter die Beziehung $\varepsilon_Q \cdot L = \lambda_Q$, so ergibt sich die einfache Form

$$21) \quad \sigma_s = \sigma_Q \frac{v}{\sqrt{\lambda_Q \cdot g}}$$

für die durch die Schwingung von M_Q hervorgerufene größte zusätzliche Zugspannung.

Die gesamte Seilverlängerung betrug:

$$\lambda_{\max} = \lambda_Q + \lambda_G + \lambda_p + \lambda_s\,,$$

entsprechend die zugehörigen Spannungen im geraden Seil:

$$\sigma_{\max} = \sigma_Q + \sigma_G + \sigma_p + \sigma_s\,.$$

Setzt man die in Gleichung 18 und Gleichung 21 erhaltenen Werte ein, so erhält man:

$$22) \quad \sigma_{\max} = (\sigma_Q + \sigma_G)\left(1 + \frac{p}{g}\right) + \sigma_Q \frac{v}{\sqrt{\lambda_Q \cdot g}}\,.$$

Das erste Glied der rechten Seite von Gleichung 22 stellt genau wie bei einem starren Seil die Spannung dar, die zur Beschleunigung der Masse der beiden Gewichte $(Q + G)$ mit der Beschleunigung p notwendig ist. Das zweite Glied stellt die Schwingungsspannung dar, die infolge der elastischen Dehnbarkeit des Seiles hinzukommt. Als schwingende Masse ist dabei, wie schon erwähnt, nur M_Q angenommen.

Über den Einfluß der gleichmäßig verteilten Seilmasse soll später noch einiges gesagt werden.

Der Ableitung der Gleichung 20 und 21 für die Schwingungsspannung ist weiter die Bewegung aus der tiefsten Stellung der Last Q heraus zugrunde gelegt. Tritt die Bewegung bei höher stehendem Fördergestell ein, so hängt an der Last Q ein Teil des Unterseiles, das je 1 m dasselbe Gewicht wie das Förderseil haben möge, und vermehrt mit seinem Gewicht ΔG die schwingende Last Q auf den Betrag $Q' = Q + \Delta G$. Entsprechend ist in Gleichung 20 und 21 statt σ_Q der Wert $\sigma_{Q'} = \sigma_Q + \Delta\sigma_Q$ einzuführen. Der obere Grenzwert, den $\sigma_{Q'}$ erreicht, wenn sich das Fördergestell in seiner höchsten Lage befindet, ist

$$\sigma_{Q'\max} = \sigma_{st} = \sigma_Q + \sigma_G.$$

Die Länge L des der Dehnung unterworfenen Förderseiles wird um die hinzugekommene Länge des Unterseiles kürzer. L kann also beim Eintritt der Schwingung je nach der Lage des Fördergestells verschiedene Werte annehmen, während der Schwingung soll aber L weiter als unveränderlich angenommen werden.

Damit lauten Gleichung 20 und 21 allgemein für eine beliebige Stellung der Last Q beim Eintreten der Schwingung:

23) $$\sigma_s = v \cdot \sqrt{\frac{\sigma_{Q'}}{g \cdot \alpha_0 \cdot L}} = \sigma_{Q'} \cdot \frac{v}{\sqrt{\lambda_{Q'} \cdot g}}$$

und Gleichung 22

24) $$\sigma_{\max} = \sigma_{st}\left(1 + \frac{p}{g}\right) + \sigma_{Q'} \frac{v}{\sqrt{\lambda_{Q'} \cdot g}}\cdot$$

Die statische Belastung ist bei einer Maschine mit Unterseil unabhängig von der augenblicklichen Stellung der Last. Daher konnte das erste Glied der Gleichung 24 unverändert bleiben, und die Gleichung gibt die maximale Spannung im geraden Seil beim Anfahren einer solchen Maschine bei beliebiger Lage des Fördergestells.

Da Gleichung 23 aus der allgemeinen Arbeitsgleichung gewonnen ist, stellt sie einen allgemeinen Ausdruck für die aus einer Schwingung mit gegebener Geschwindigkeit v folgende Spannung dar. Auf besondere Fälle wird sie erst beschränkt durch Einsetzen von speziellen Werten von v. Die Ursache der Schwingung braucht also nicht das Anfahren der Maschine zu sein. Andere Ursachen sind z. B. Stöße, die das Fördergestell während der Förderung erhält, Bremsen der Maschine oder Hängeseil.

In der voraufgehenden Betrachtung ist ein Unterschied gemacht worden zwischen der Berücksichtigung des Gewichtes des Förderseiles und dem des Unterseiles. Das Gewicht des Unterseiles ist mit seinem vollen Wert eingeführt, während das des Förderseiles bei der Schwingung vernachlässigt worden ist. Der Grund für diese unterschiedliche Behandlung ist darin zu sehen, daß die hauptsächlichste schwingende Masse, die die großen Schwingungswege beschreibt, die in dem Fördergestell zusammengefaßte Last Q ist. Nur das Ende des Förderseiles nimmt an diesen Schwingungswegen teil, während die der höher liegenden Seilstücke proportional mit dem Abstand vom oberen Seilende kleiner werden. Man könnte die Seilmasse bei der Schwingung angenähert dadurch berücksichtigen, daß man Q um das halbe Seilgewicht vergrößert. Nun treten aber die größten Schwingungsspannungen, wie aus Gleichung 21 folgt, bei kurzem Seil auf, also wenn die Last sich in höchster Stellung befindet, wo die Seilmasse des Reststückes keine Rolle gegenüber Q spielt. Aus diesem Grunde ist die Masse des Förderseiles bei der Schwingung zunächst vernachlässigt worden.

Das Unterseil, das am Fördergestell hängt, ohne am unteren Ende durch eine besondere Masse belastet zu sein, muß die Wege des Fördergestells mitmachen, nimmt also an der Schwingung in vollem Maße teil.

Das geschilderte Schwingungsbild wird allerdings verzerrt durch die in der Betrachtung außer acht gelassene Eigenschwingung des Förderseiles sowohl wie des Unterseiles.

Bei einer Maschine mit Unterseil blieb die statische Belastung unverändert $\sigma_{st} = \sigma_Q + \sigma_G$, während die schwingende Last Q' abhängig von ihrer Stellung im Schacht war. Ist der Seilausgleich durch eine konische Trommel erreicht, so behält die schwingende Last infolge des Fortfalles des Unterseiles in jeder Stellung der Last Q den gleichen Wert, also ist dauernd $\sigma_{Q'} = \sigma_Q$, dagegen ändert sich die statische Belastung von dem Höchstwert $\sigma_{st} = \sigma_Q + \sigma_G$ in tiefster Stellung der Last bis auf den Wert σ_Q in höchster Stellung. Die im folgenden abgeleiteten Gleichungen sind im allgemeinen für eine Maschine mit Unterseil niedergeschrieben. Für eine konische Trommel sind für σ_{st} und σ_Q in der angedeuteten Weise die entsprechenden Werte einzusetzen. Später wird noch einmal Gelegenheit sein, auf den Unterschied etwas näher einzugehen.

b) Spezielle Werte der Schwingungsgeschwindigkeit v. Im folgenden soll für einige Fälle die Geschwindigkeit v im Schwingungsmittelpunkt berechnet werden.

Fall 1. Für die der Betrachtung zunächst zugrunde gelegten Annahmen, daß die Last Q' auf einer Aufsetzvorrichtung abgesetzt ist, das Seil kein Hängeseil bildet, nur die dem Eigengewicht entsprechende Verlängerung λ_G enthält, und die Maschine mit der Beschleunigung p anhebt, ergibt sich v durch folgende Überlegung, s. Fig. 14:

Es handelt sich um die Bestimmung der Relativgeschwindigkeit des Endpunktes Q' bezogen auf den Anfangspunkt A des Seiles, dessen Bewegung geradlinig angenommen sei. Man denkt sich am einfachsten mit dem Anfangspunkt A ein Koordinatenkreuz fest verbunden und bezieht die Bewegung von Q' auf dieses Koordinatenkreuz. Vor der Betrachtung war im Seil bereits die Verlängerung λ_G vorhanden, während der Betrachtung entstehen bis zur Erreichung der Gleichgewichtslage in dem angenommenen Beispiel die Verlängerungen $\lambda_{Q'}$ und λ_p. Die in der Gleichgewichtslage vorhandene kinetische Energie der Last Q' muß gleich der über $(\lambda_{Q'} + \lambda_p)$ geleisteten relativen Arbeit sein. Während das Seil um $\lambda_{Q'}$ gereckt wird, ist die Last Q' auf einer Aufsetzvorrichtung abgesetzt, der Punkt A bewegt sich mit dem Koordinatenkreuz mit der konstanten Beschleunigung p. Relativ zu A bewegt sich also die Masse $\frac{Q'}{g}$ mit der Beschleunigung p auf dem Wege $\lambda_{Q'}$. Die geleistete Arbeit beträgt $A_1 = \frac{Q'}{g} \cdot p \cdot \lambda_{Q'}$. Während die Verlängerung λ_p entsteht, bewegt sich zwar A absolut genommen mit der Beschleunigung p weiter, es folgt aber Q' mit einer von null bis p proportional mit λ_p wachsenden Beschleunigung nach. Innerhalb des Koordinatenkreuzes bewegt sich also Q' über λ_p nur noch mit der mittleren Beschleunigung $p/2$. Die geleistete Arbeit beträgt also:

$$A_2 = \frac{Q'}{g} \cdot p/2 \cdot \lambda_p .$$

Man erhält:

$$A_1 + A_2 = \frac{Q'}{g} p \cdot \lambda_{Q'} + \frac{Q'}{g} \cdot p/2 \cdot \lambda_p = \frac{Q' \cdot v^2}{g \cdot 2} .$$

25) $$v = \sqrt{2p \cdot \lambda_{Q'} + p \cdot \lambda_p} = \sqrt{p \cdot \alpha_0 \cdot L \, (2\sigma_{Q'} + \sigma_p)} .$$

Setzt man diesen Wert in Gleichung 23 ein, erhält man

26) $$\sigma_s = \sigma_{Q'} \sqrt{\frac{2p}{g} + \frac{p}{g} \cdot \frac{\lambda_p}{\lambda_{Q'}}} = \sigma_{Q'} \sqrt{\frac{2p}{g} + \left(\frac{p}{g}\right)^2} ,$$

da unter Berücksichtigung von Gleichung 18 bei Vernachlässigung der Seilmasse gilt: $\frac{\sigma_p}{\sigma_{Q'}} = \frac{\lambda_p}{\lambda_{Q'}} = \frac{p}{g}$. Durch Einsetzen von Gleichung 25 in Gleichung 24 erhält man die gesamte Höchstspannung σ_{max}.

Fall 2. Die Last Q' sei nicht auf eine Aufsetzvorrichtung abgesetzt, sondern hänge frei im Seil. Die Maschine ziehe mit der Beschleunigung p an.

Beispiel 2 unterscheidet sich von 1 dadurch, daß die Seilverlängerung $\lambda_{Q'}$ bereits vor der Betrachtung vorhanden ist. Der Schwingungsmittelpunkt wird nicht geändert. Als kinetische Energie in diesem Punkte kommt also nur die über λ_p geleistete Arbeit in Betracht. Man erhält:

$$A_2 = \frac{Q'}{g} \cdot p/2 \cdot \lambda_p = \frac{Q' \cdot v^2}{2g} .$$

27) $$v = \sqrt{p \cdot \lambda_p} .$$

Durch Einsetzen in Gleichung 24 erhält man als Maximalspannung:

28) $$\sigma_{max} = \sigma_{st} \, (1 + p/g) + \sigma_{Q'} \frac{p}{g} ,$$

oder im ungünstigsten Fall, wenn $\sigma_{Q'} = \sigma_{st}$

$$\sigma_{max} = \sigma_{st} \left(1 + \frac{p}{g}\right) + \sigma_{st} \frac{p}{g} .$$

28a) $$\sigma_{\max} = \sigma_{st}\left(1 + \frac{2\,p}{g}\right).$$

Die einfache Beschleunigung der Last $(Q + G)$ erhöht die Spannung σ_{st} nach Gleichung 18 um den Betrag $\sigma_{st}\frac{p}{g}$. Durch die dabei auftretende Schwingung wird im ungünstigsten Fall diese Erhöhung verdoppelt.

Fall 3. Die Last sei auf einer Aufsetzvorrichtung abgesetzt, das Seil bilde h cm Hängeseil. Zieht die Maschine mit der Beschleunigung p an, so erreicht das Seil die Geschwindigkeit

29) $$v_p = \sqrt{2\,p\,h},$$

ehe es eine Wirkung auf die Last Q ausüben kann. v_p ist zu v in Gleichung 25 zu addieren.

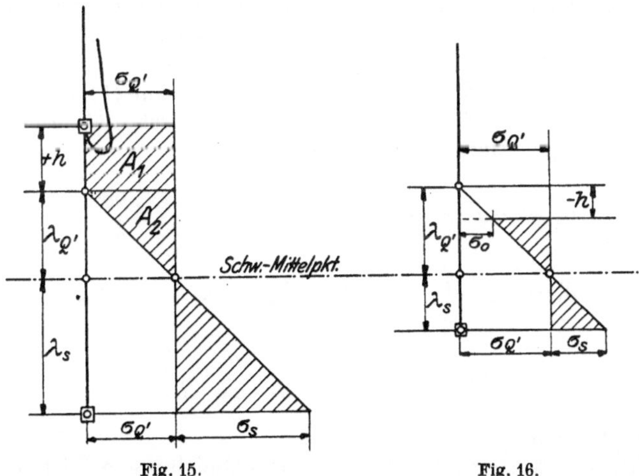

Fig. 15. Fig. 16.

Fall 4. Bleibt die Maschine in Ruhe und fällt die Last h cm ins Seil, dann ist der Mittelpunkt der einsetzenden Schwingung die Gleichgewichtslage der statischen Belastung, d. h. der Endpunkt von $\lambda_{Q'}$, s. Fig. 15.

Zur Berechnung von v dienen die beiden Arbeitswerte A_1 und A_2 über den Wegen h und $\lambda_{Q'}$.

$$A_1 = Q' \cdot h\,, \qquad A_2 = \frac{Q' \cdot \lambda_{Q'}}{2}.$$

A_2 enthält im Nenner eine 2, da der halbe Betrag der Fallenergie $Q' \cdot \lambda_{Q'}$ vom Seil als Spannungsarbeit aufgenommen ist. Nur die Hälfte verbleibt als kinetische Energie Q'.

$$A_1 + A_2 = \frac{Q' \cdot v^2}{2\,g} = Q' \cdot h + \frac{Q' \cdot \lambda_{Q'}}{2}.$$

$$\frac{v^2}{2g} = h + \frac{\lambda_{Q'}}{2}.$$

30) $$v = \sqrt{2gh + g \cdot \lambda_{Q'}}.$$

Durch Einsetzen in Gleichung 23 erhält man:

31) $$\sigma_s = \sigma_{Q'} \cdot \sqrt{\frac{2h}{\lambda_{Q'}} + 1} = \sigma_{Q'} \sqrt{\frac{2h}{\alpha_0 \cdot L \cdot \sigma_{Q'}} + 1}\,.$$

Die maximale gesamte Spannung ergibt sich im geraden Seil mit $p = 0$ und $\sigma_p = 0$ aus Gleichung 24:

32) $$\sigma_{\max} = \sigma_{st} + \sigma_{Q'} \sqrt{\frac{2h}{\alpha_0 \cdot L \cdot \sigma_{Q'}} + 1}\,.$$

Da in der Ableitung der Gleichung 31 der Punkt $h = 0$ ein Unstetigkeitspunkt ist, gilt die Gleichung nur bis zu dem Grenzwerte $h = 0$. Für negative Werte von h muß ein neuer einfacher Ansatz gemacht werden, der aus Fig. 16 ohne weiteres abzulesen ist. Ein negatives h würde bedeuten, daß die Last zwar auf einer Aufsetzvorrichtung abgesetzt ist, daß aber das Seil soweit gespannt ist, daß es einen Teil der Last Q' trägt. Man erhält für negatives h:

$$\sigma_s = \sigma_{Q'} - \sigma_0\,, \quad \frac{h}{\sigma_0} = \frac{\lambda_{Q'}}{\sigma_{Q'}}\,, \quad \sigma_0 = h\frac{\sigma_{Q'}}{\lambda_{Q'}}\,,$$

$$\sigma_s = \sigma_{Q'} \cdot \left(1 - \frac{h}{\lambda_{Q'}}\right), \quad \lambda_{Q'} = \alpha_0 \cdot \sigma_{Q'} \cdot L\,.$$

33) $$\sigma_s = \sigma_{Q'} \cdot \left(1 - \frac{h}{\alpha_0 \cdot \sigma_{Q'} \cdot L}\right),$$

h ist ohne Vorzeichen einzusetzen.

Mit dieser Erweiterung kann man die Gleichungen 32 und 33 dazu benutzen, um die Schwingungsspannungen, die bei heftigem Bremsen während der Aufwärtsbewegung auftreten, zu berechnen, indem man zunächst aus der Fahrgeschwindigkeit im Augenblick des plötzlichen Bremsens die Höhe h berechnet, gemessen vom Endpunkt des glatt hängenden Seiles, bis zu der die Last Q' durch die eigene kinetische Energie und die elastischen Kräfte des Seiles steigt, und dann den Wert von h, je nach dem er positiv oder negativ ist, in die Gleichung 32 oder 33 einsetzt.

Für $h = 0$ gehen beide Gleichungen ineinander über. Es ergibt sich:

$$\sigma_s = \sigma_{Q'}.$$

Hängt das Seil also bei abgesetzter Last glatt ohne Hängeseil und wird es plötzlich von Q' belastet, so stellt sich nicht sofort die Spannung der statischen Belastung ein, sondern infolge der einsetzenden Schwingung kommt im ersten Augenblick zur statischen Spannung σ_{st} die Spannung $\sigma_{Q'}$ hinzu. Im ungünstigsten Fall, wenn $\sigma_{Q'} = \sigma_{st}$, wird also die Spannung verdoppelt.

In den Fällen der Gleichungen 26 und 28 ist die Schwingungsspannung nur insoweit von der augenblicklichen Seillänge L abhängig, als sich nach dem oben Gesagten mit L der Wert von $\sigma_{Q'}$ ändert. Nach Gleichung 31 besteht dagegen bei Hängeseil außerdem eine direkte Abhängigkeit von L, da L in der Wurzel im Nenner enthalten ist. Diese Abhängigkeit von L bedeutet zunächst aber keine Abhängigkeit von der Teufe, sondern nur von der augenblicklichen Seillänge. Auch bei großen Teufen können die gleichen kürzesten Seillängen vorkommen.

In gleicher Weise wie die Seillänge L ist der Dehnungskoeffizient α_0 des Seiles nur bei Hängeseil von Einfluß. Daß sich überhaupt mit α_0 die Stoßspannung ändert, ist insofern von Wichtigkeit, als α_0 während der Aufliegezeit kleiner wird, d. h. das Seil, das anfangs große elastische Dehnungen zeigte, wird steifer. Ein kleiner werdendes α_0 hat aber in gleichem Maße wie L eine Vergrößerung der Stoßspannung zur Folge. Ältere Seile sind also gegen Stöße durch Hängeseil empfindlicher. Bemerkenswert ist noch, daß sich diese Veränderung in einem Zerreißversuch durch ein Nachlassen der Zerreißfestigkeit nicht zu zeigen braucht.

Die Festigkeit des Drahtmaterials, die auf α_0 ebenfalls von Einfluß ist und damit auf die Schwingungsspannung, gewinnt einen weiteren Einfluß durch den Wert $\sigma_{Q'}$ in der Wurzel, da $\sigma_{Q'}$ bei höherer Materialfestigkeit auch größere Werte annimmt.

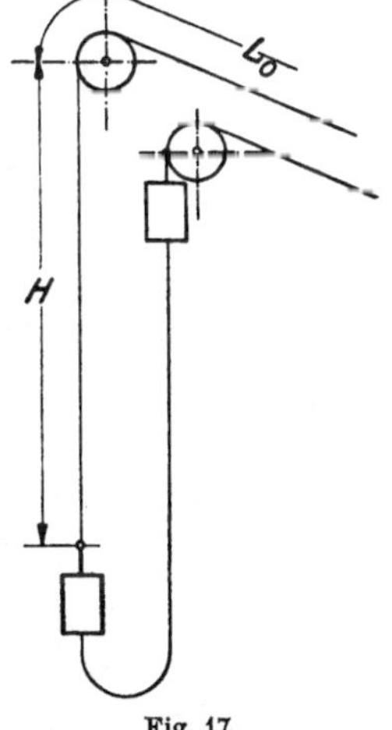

Fig. 17.

c) Darstellung der Schwingungsspannung in Diagrammen. Der Gesamteinfluß der verschiedenen Größen auf die Schwingungsspannung ist nicht ganz einfach, so daß eine weitere Besprechung notwendig ist.

Zunächst kann der Verlauf von $\sigma_{Q'}$ für eine Maschine mit Unterseil in einem einfachen Diagramm dargestellt werden, in welchem die Seillänge $L = L_0 + H$ als Basis aufgetragen ist (s. Fig. 17 u. 18). In der höchsten denkbaren Stellung des Fördergestells liegt das Seilgeschirr an der Seilscheibe und es wird nur noch die Länge L_0 von der Seilscheibe bis zur Trommel der Dehnung unterworfen. Die Belastung setzt sich zusammen aus der Last Q und dem Gewicht G des Unterseils, das bei vollem Seilausgleich mit dem Gewicht des Förderseils übereinstimmt. Die schwingende Masse ist nach dem früher Gesagten also $(Q + G)$ und die entsprechenden statischen Spannungen $\sigma_Q + \sigma_G = \sigma_{st} = \sigma_{Q'}$. Bei der Senkung des Fördergestells verursacht nach Gleichung 3) für Rundlitzenseile jedes abgewickelte Meter des Förderseils eine Spannung von 1 kg/cm². Um den gleichen Betrag verringert sich die Wirkung des Unterseils, so daß der gleiche Betrag von $\sigma_{Q'}$ abzuziehen ist, während σ_{st} unverändert bleibt. In der tiefsten Stellung, wenn das Fördergestell um H m gesenkt ist, sind H kg/cm² $= \sigma_G$ abzuziehen, so daß $\sigma_{Q'} = \sigma_Q$ wird.

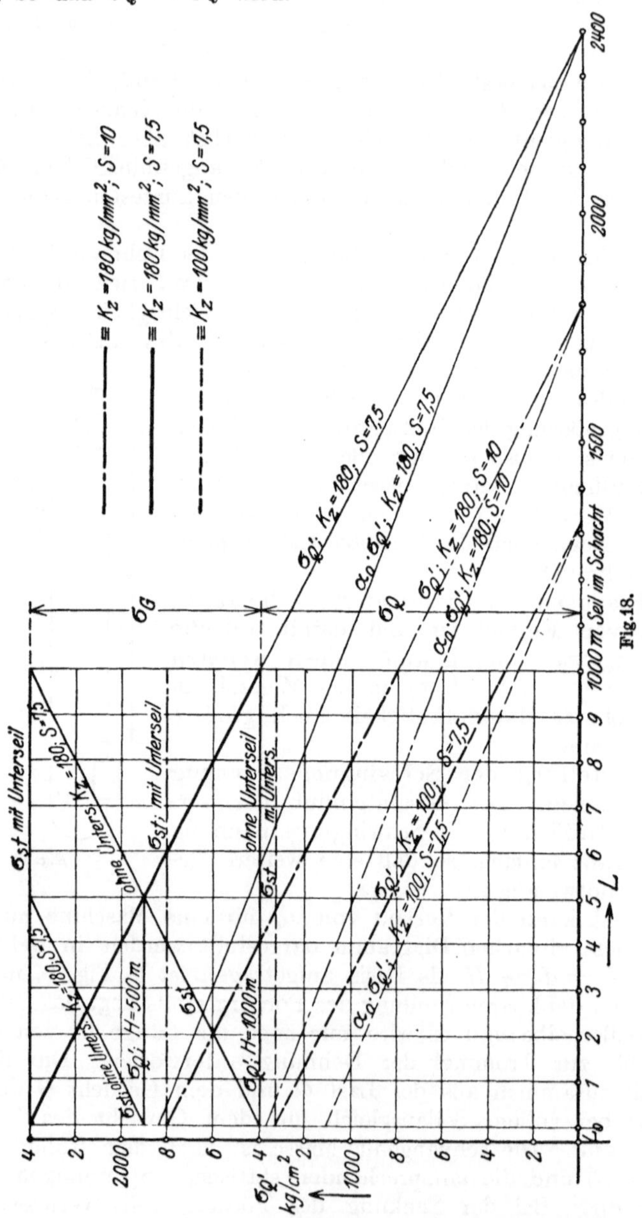

Fig. 18.

Für andere Seile als Rundlitzenseile mit Hanfseilen gilt diese einfache Beziehung für σ_G nicht genau. Es verschieben sich daher etwas die Absolutwerte, doch tritt keine prinzipielle Änderung ein. Es genügt daher, wenn die Betrachtung für obige Rundlitzenseile durchgeführt wird.

Die Darstellung von $\sigma_{Q'}$ über H ergibt nach dem Gesagten eine Gerade, die auf der Ordinate im Abstande L_0 vom Ursprung die Höhe σ_{st} abschneidet und auf der Ordinate im Abstande $(L_0 + H)$ die Höhe σ_Q, s. Diagramm 1, Fig. 18. Verlängert man diese Gerade bis zum Schnitt mit der Abszisse, so wird auf ihr die Teufe abgeschnitten, bei der die Förderlast $Q = 0$ wird und also die zur Verfügung stehende Tragkraft des Seiles allein zum Tragen des Eigengewichts verwendet wird.

$\sigma_{Q'}$ ist abhängig von der Bruchfestigkeit K_Z des Materials und dem gewählten Sicherheitsgrad S. Verändert man diese Werte, so wird die Gerade parallel verschoben, da σ_G unabhängig von K_Z und S ist, allein abhängig von H. Die Gerade für $K_Z = 180$ und $S = 7{,}5$ zeigt die höchsten Werte von $\sigma_{Q'}$ und σ_Q. Die Erhöhung des Sicherheitsgrades auf 10 verschiebt die Gerade schon ganz wesentlich nach unten. Bei $K_Z = 100$ und $S = 7{,}5$ ergibt sich für σ_Q bei einer Teufe $H = 1000$ m kein brauchbarer Betrag mehr. $H = 1335$ m stellt bereits diejenige Teufe dar, für die $\sigma_Q = 0$ wird. Das Diagramm gibt also, ähnlich wie Gleichung 5, einen Anhalt für die Wahl der notwendigen Bruchfestigkeit abhängig von der Teufe. Es zeigt ferner den Verlauf von $\sigma_{Q'}$ für alle Teufen. Eine kleinere Teufe, z. B. $H = 600$ m schneidet den entsprechenden Geltungsbereich zwischen den Abszissenpunkten von 0 bis $L_0 + 600$ heraus. Die Schnittpunkte der Geraden mit der Ordinate $H = 600$ geben in diesem Fall die Werte σ_Q. Bei gegebener Seilausnutzung, d. h. bei festgesetztem Sicherheitsgrad ist $\sigma_{st} = \sigma_Q + \sigma_G = \frac{K_Z}{S}$ für ein Material gegeben. Ist die Teufe geringer, also das Seil kürzer und σ_G kleiner, so wird σ_Q entsprechend größer. In den Schwingungsgleichungen ist daher der Einfluß der augenblicklichen Seillänge L gleichbedeutend mit dem Einfluß der Teufe.

Während bei einer Maschine mit Unterseil die statische Belastung und der statische Sicherheitsgrad in jeder Stellung der Last den gleichen Wert haben, ist dies bei einer Maschine ohne Unterseil nicht der Fall. Bei dieser ist für ein Beispiel $\sigma_{Q'} = \sigma_Q$ unveränderlich. Zu σ_Q, das den gleichen Wert hat wie bei einer Maschine mit Unterseil, addiert sich als statische Belastung je nach der Stellung von Q der entsprechende Teil von σ_G bis zu dem Höchstbetrage in tiefster Stellung der Last, wo die statische Gesamtbelastung den Wert $\sigma_Q + \sigma_G = \sigma_{st}$ erreicht. Nur in dieser Stellung nimmt der statische Sicherheitsgrad den zugrunde gelegten Wert S an, während er in jeder anderen Stellung höher ist. Der Verlauf von σ_Q und σ_{st} für eine konische Trommel also ohne Unterseil mit $K_Z = 180$ und $S = 7{,}5$ ist auch in Fig. 18 eingetragen. Da die neuen Geraden auf der Anfangsordinate im Abstand L_0 vom Koordinatenanfang den Wert σ_Q abschneiden, der von der Teufe in gleicher Weise abhängt wie bei der Maschine mit Unterseil und auf der Ordinate $L_0 + H$ den Wert $\sigma_{st} = \frac{K_Z}{S}$, gilt jetzt eine

Gerade nur für eine Teufe. Bei Änderung der Teufe, aber gleichem K_Z und S, verschiebt sich die Gerade parallel derart, daß sie auf der Endordinate, die der neuen Teufe entspricht, wieder den unveränderlichen Wert K_Z/S abschneidet. σ_Q auf der Ordinate L_0 hat wieder den gleichen Wert wie bei der Maschine mit Unterseil und gleicher Teufe. Fig. 18 enthält für eine Maschine ohne Unterseil die Geraden für 500 m und 1000 m Teufe.

Von den Schwingungsgleichungen ist Gleichung 32, die den Einfluß des Hängeseils oder überhaupt einer Fallhöhe zum Ausdruck bringt, die wichtigste. Im praktischen Betriebe können durch Hängeseil am leichtesten die gefährlichsten Spannungen hervorgerufen werden. Außerdem kommen in Gleichung 32 die Einflüsse der einzelnen Werte auf das

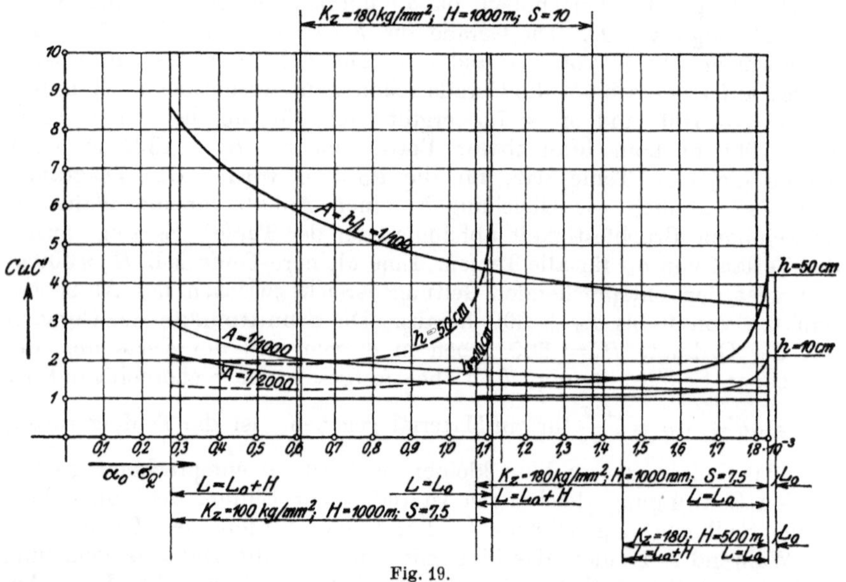

Fig. 19.

Verhalten des Seiles bei Schwingungsbeanspruchung am klarsten zum Ausdruck. Die Verhältnisse der Gleichung 32 können daher als Maßstab zum Vergleich des Verhaltens verschiedener Seile bei Schwingungsbeanspruchung zugrunde gelegt werden.

Für eine gegebene Bruchfestigkeit K_Z und einen Sicherheitsgrad S ist das erste Glied der Gleichung 32 für eine Maschine mit Unterseil $(\sigma_Q + \sigma_G) = \sigma_{st} = \frac{K_Z}{S}$ gegeben, ferner $\sigma_{Q'}$ durch das Diagramm 1 bereits bestimmt. Eine graphische Darstellung der Gleichung 32 braucht sich also zunächst nur auf den Inhalt der Wurzel erstrecken. Setzt man $\frac{h}{L} = A$, so kann man in Gleichung 31 schreiben:

$$C = \sqrt{\frac{2A}{(\alpha_0 \cdot \sigma_{Q'})} + 1}, \text{ also } \sigma_s = C \cdot \sigma_{Q'}.$$

Die Wahl von $A = \text{const.}$ legt den Wert der Freifallhöhe h fest als konstanten Bruchteil der augenblicklichen, der Dehnung unterworfenen Seillänge L, z. B. 1% oder 1‰ usw. Für $A = \text{const.}$ läßt sich C über $(\alpha_0 \cdot \sigma_{Q'})$ als Abszisse darstellen. Man erhält das Diagramm 2, Fig. 19. Die erhaltenen Kurven für $h/L = 1/100$, $1/1000$, $1/2000$ sind allgemein gültig für alle Teufen, alle Materialien und alle Sicherheitsgrade. Entnimmt man die Grenzwerte von $\sigma_{Q'}$ für ein bestimmtes Beispiel aus Diagramm 1, so erhält man durch Multiplikation mit α_0 die Abszissenwerte für das Diagramm 2, die den Streifen herausschneiden, der für das zugrunde gelegte Beispiel in Frage kommt. Für ein solches entspricht jeder Lage des Fördergestells im Schacht, d. h. jedem Wert L nach dem Diagramm 1 ein bestimmter Wert von $\sigma_{Q'}$, also auch ein bestimmter Abszissenpunkt im Diagramm 2. Da $\sigma_{Q'}$ und L im Diagramm 1 linear miteinander verknüpft sind, erhält man auch im Diagramm 2 einen konstanten Maßstab für L innerhalb des für das zugrunde gelegte Beispiel herausgeschnittenen Streifens. Im Diagramm 2 sind drei solche Bereiche eingetragen

1) für $K_Z = 100$, $S = 7{,}5$, $H = 1000$ m,
2) für $K_Z = 180$, $S = 10$, $H = 1000$ m,
3) für $K_Z = 180$, $S = 7{,}5$, $H = 1000$ m.

Kurzen Seillängen L entsprechen große Werte von $\sigma_{Q'}$ also auch von α_0, $\sigma_{Q'}$. Innerhalb eines für ein Beispiel gegebenen Streifens liegen also die kurzen Seillängen, beginnend mit der Länge L_0 auf der vom Ursprung abgekehrten Seite, große Seillängen nach dem Ursprung hin. Durch Verkleinerung der Teufe H wird aus dem gegebenen Bereich für $H = 1000$ ein schmälerer Streifen herausgeschnitten, der sich an die L_0 entsprechende Grenzlinie anlehnt, also nur die geringeren Spannungserhöhungen benutzt.

Der Wert des Seildehnungskoeffizienten α_0 ist durch Versuche für verschiedene Seilkonstruktionen und Drahtmaterialien noch nicht genügend bekannt. Die C-Kurven werden in dem Diagramm durch Änderung von α_0 nicht berührt; dagegen verschiebt sich der Streifen, der den Geltungsbereich für ein bestimmtes Beispiel darstellt, durch ein kleiner werdendes α_0 nach dem Koordinatenanfang hin, d. h. die Spannungserhöhungen werden größer. Da nun α_0, wie schon früher erwähnt, während der Aufliegezeit des Seiles kleiner wird, erkennt man die Verschlechterung des Seiles im Verhalten gegen Stoßbeanspruchung.

Die Geltungsbereiche der einzelnen Beispiele sind eingetragen mit dem von Kas (Österr. Berg- u. Hüttenmännisches Jahrbuch 1901) angegebenen mittleren Werten von α_0 für gebrauchte Seile:

$$\text{Für } K_Z = 100 \text{ kg/mm}^2, \quad \alpha_0 = \frac{1}{1\,200\,000},$$
$$\text{»} \quad K_Z = 140 \quad \text{»} \quad \alpha_0 = \frac{1}{1\,240\,000},$$
$$\text{»} \quad K_Z = 180 \quad \text{»} \quad \alpha_0 = \frac{1}{1\,310\,000}.$$

Der Bereich für das dritte Beispiel ($K_Z = 180$ kg/mm², $S = 7{,}5$, $H = 1000$ m) liegt am weitesten vom Ursprung entfernt, zeigt daher für $A =$ const. die geringsten Werte von C, also die prozentual geringsten Spannungssteigerungen über die statische Spannung $\sigma_{Q'}$. Die Erhöhung des Sicherheitsgrades von 7,5 auf 10 verschiebt den Streifen schon erheblich nach dem Ursprung hin, also zu den höheren Werten von C. Noch stärker wirkt in dieser Beziehung die Erniedrigung der Bruchspannung von 180 auf 100 kg/mm². Je schlechter das Material und je höher die statische Sicherheit, um so größer ist auch die Spannungssteigerung für $A =$ const. Der Grund hierfür liegt in dem Wert $\sigma_{Q'}$ in der Wurzel, der wesentlich durch das Seilgewicht bedingt ist. Je höher die Festigkeit K_Z und je geringer die statische Sicherheit gewählt wird, um so leichter wird das Seil, um so größer wird $\sigma_{Q'}$, und also C um so kleiner. Aus dem gleichen Grunde entsprechen dem kurzen Seil die kleinen Werte von C.

Setzt man statt $A =$ const., den Absolutwert des Hängeseiles $h =$ const., so entsprechen im Gegensatz zu vorher dem kurzen Seil große Werte von $C = C'$. Wenn $h =$ const. gesetzt ist, muß L besonders in die Gleichung eingeführt werden. Da nun der Maßstab für L nur innerhalb des Streifens, der für ein Beispiel gilt, im Diagramm 2 konstant ist, ergeben sich jetzt für jedes Beispiel besondere C'-Kurven, während die C-Kurven für alle Verhältnisse stetig über das ganze Diagramm verlaufen. Die C'-Kurven müssen für kurze Seile hohe Werte angeben, da ja eine bestimmte Länge h bei kurzem Seil prozentual ein langes Hängeseil be euten kann, während der gleiche Wert von h für ein langes Seil prozentual ein kurzes Hängeseil. Die C'-Kurven schneiden die C-Kurven in dem Punkte, für den die gewählte Länge h den der C-Kurve entsprechenden Prozentsatz von L darstellt.

Im Diagramm 2 sind die C'-Kurven gezeichnet für $h = 10$ cm und $h = 50$ cm für die Seile $K_Z = 180$ und $K_Z = 100$ bei $S = 7{,}5$. L_0 ist allgemein gleich 30 m gesetzt worden, einem ziemlich kleinen Wert, um zu zeigen, welche größte Spannungserhöhungen eintreten können. Für einen größeren Wert von L_0 würden die Spitzen der C'-Kurven etwas kleiner ausfallen, während L_0 auf den weiteren Verlauf der C'-Kurve nur einen geringeren Einfluß hat. Auch die C'-Kurven zeigen, daß das Material mit der geringeren Bruchfestigkeit die verhältnismäßig höheren Spannungssteigerungen aufweist. Die Schwingungsspannung steigt bei $h = 50$ für das Seil $K_Z = 100$ auf den 5,5 fachen Wert von $\sigma_{Q'}$, während sie bei $K_Z = 180$ nur auf etwas über den 4fachen Wert steigt. Für $h = 10$ cm ist der Unterschied zwischen beiden Seilen geringer.

Für $h = 0$ wird, wie schon früher erwähnt, das erste Glied in der Wurzel in dem Ausdruck für C und C' zu null. Für alle Seile wird dadurch $C = C' = 1$, die Schwingungsspannung also gleich $\sigma_{Q'}$. Steht die Last in höchster Stellung, ist also $\sigma_{Q'} = \sigma_{st}$, so tritt durch das Einfallen der Last aus der Höhe $h = 0$ eine Verdopplung der Beanspruchung gegenüber der statischen Spannung ein. Im Diagramm 2 entspricht dem Wert $h = 0$ eine Parallele zur Abszissenachse im Abstande 1, die die untere Grenzlinie darstellt. Alle C- und C'-Kurven liegen für positive h-Werte oberhalb dieser Geraden. Für negative h-Werte ergeben sich C- und C'-Werte kleiner als 1.

Die verhältnismäßige Spannungssteigerung, die durch C- und C' gegeben ist, erlaubt noch kein endgültiges Urteil über das Verhalten eines Seiles bei Stoßbeanspruchung, sondern die Absolutwerte von $\sigma_{Q'}$ müssen berücksichtigt werden, um die auftretende Maximalspannung mit der Bruchfestigkeit des Seiles vergleichen zu können. Aus diesem Grunde sind im Diagramm 3, Fig. 20 einige Maximalspannungen dargestellt, und im Diagramm 4, Fig. 21 für alle besprochenen Seile die Sicherheitsgrade S' im Augenblick der maximalen Schwingungsspannung

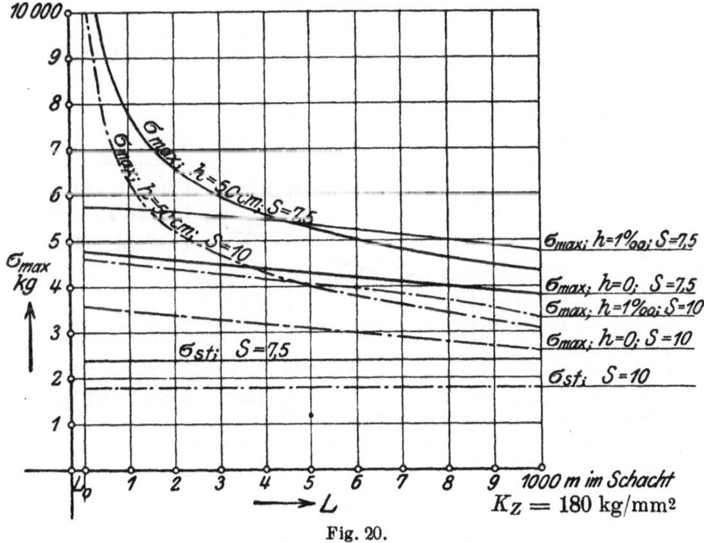

Fig. 20.

aufgetragen. An dieser Stelle sei noch einmal darauf hingewiesen, daß alle Kurven nur so lange Berechtigung haben, als sie Spannungen ergeben, die unterhalb der Proportionalitätsgrenze des Materials liegen. Die höchsten Werte für den Sicherheitsgrad S' zeigt in allen Fällen das Seil mit $K_Z = 180$ und dem statischen Sicherheitsgrad $S = 10$. Die Verringerung des statischen Sicherheitsgrades auf 7,5 bei gleicher Bruchfestigkeit verschiebt die Kurven zum Teil recht wesentlich nach unten, trotzdem die verhältnismäßigen Spannungssteigerungen C und C' geringer waren. Gleichzeitig werden die Kurven flacher gelegt, d. h. der Unterschied des Verhaltens bei langem und kurzem Seil ist nicht mehr so beträchtlich. Dieses Ausgleichen der Spannungssteigerung ist natürlich ein Vorteil. So ändert sich z. B. für das Seil mit dem statischen Sicherheitsgrad $S = 10$ in dem Falle $h = 0$ S' von 5 auf 7 bei einem Längenunterschied des Seiles von 1000 m. Im gleichen Falle zeigt das Seil mit $S = 7,5$ nur eine Änderung von S' von 3,75 auf 4,75. Eine wesentliche Verbesserung des Sicherheitsgrades S' tritt bei den gefährdeten kurzen Seillängen ($L = L_0$) durch Erhöhung von $S = 7{,}5$ auf $S = 10$ nur bei geringem Hängeseil ein. Bei $h = 0$ muß der Sicherheitsgrad noch von 3,75 auf 5 steigen, da in diesem Fall ja eine Verdopplung der statischen Spannung eintritt, und also der Sicherheitsgrad auf den halben statischen Wert sinkt. Bei $h = 1^0/_0$ zeigt sich nur noch eine Verbesserung des Sicherheitsgrades von 1,68 auf 2,05. Etwas günstiger liegen die Verhältnisse bei langen Seilen.

Für ein Material von geringerer Bruchfestigkeit $K_Z = 100$ bei gleicher stat. Sicherheit $S = 7{,}5$ liegen die Kurven zunächst steiler,

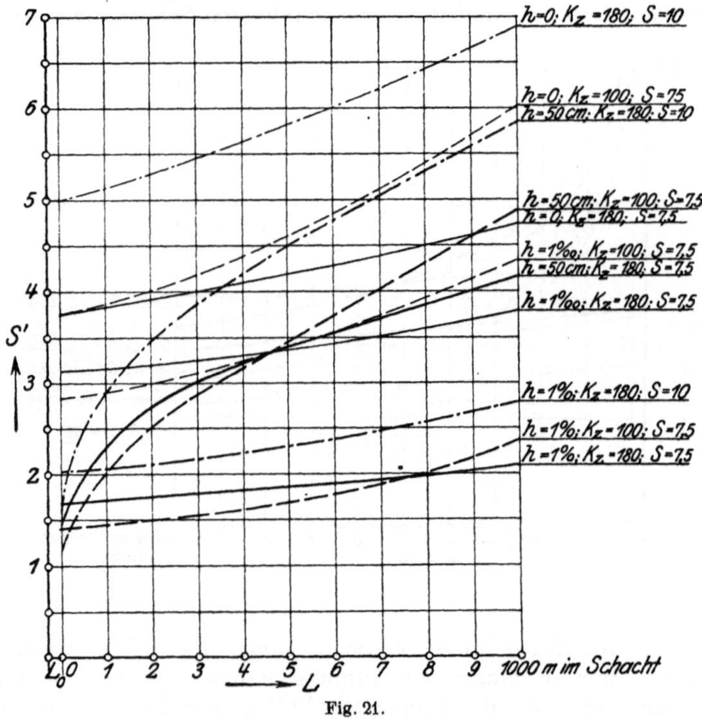

Fig. 21.

so daß man wieder den großen Unterschied zwischen kurzen und langen Seilen als Folge des größeren Seilgewichtes erhält. Für $h = 0$ müssen die Kurven für alle Seile mit gleicher stat. Sicherheit in dem Endpunkt bei $L = L_0$ zusammenfallen, da in jedem Fall der Sicherheitsgrad unabhängig vom Seilmaterial auf den halben Wert sinkt. Da die Kurven für das minderwertigere Material steiler liegen, zeigt das schlechtere Material in diesem Fall für die größeren Seillängen die günstigeren Werte. Bei größerem Hängeseil verschieben sich die Kurven für das Seil $K_Z = 100$ nach unten, sie schneiden jetzt also die Kurven des Seiles $K_Z = 180$ in einem mittleren Punkte. Daher zeigt das Material von geringerer Festigkeit bei kurzem Seil ein ungünstigeres Verhalten, während bei langem Seil ein etwas günstigeres. Je größer das Hängeseil um so größer wird der Raum, in dem sich das weniger gute Material bei Stoßbeanspruchung ungünstiger verhält. Die noch ziemlich oft gemachte Angabe, daß sich das weniger hochwertige Material bei Schwingungsbeanspruchung günstiger verhält, findet also hier bezüglich der Spannungssteigerung keine Bestätigung, wenigstens nicht bei den gefährdeten kurzen Seilen. Damit ist aber noch nicht gesagt, daß sich das hochwertige Material absolut günstiger verhält. Es könnte z. B. bei diesen eine allmähliche Gefügeänderung trotz der geringeren Spannungssteigerungen eintreten, die ein Sinken der Bruch-

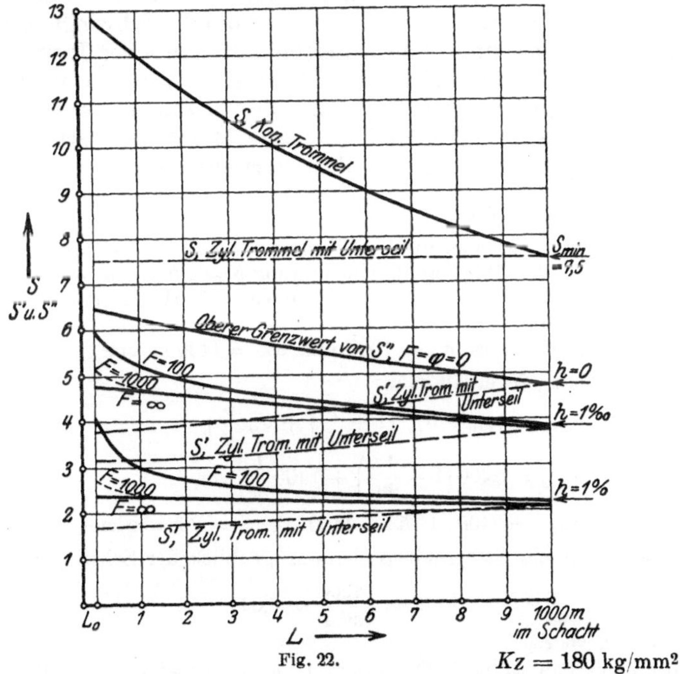

Fig. 22. $K_Z = 180$ kg/mm²

festigkeit verursacht. Die Erfahrungen in dieser Beziehung sind noch sehr verschieden.

Kurze Teufen schneiden von dem Diagramm wiederum, ohne den Charakter der Kurven zu ändern, den entsprechenden Teil ab.

Diagramm 5 Fig. 22 zeigt für eine Maschine ohne Unterseil die Sicherheitsgrade S' als stark ausgezogene, mit $F = \infty$ bezeichnete Linien neben den später zu besprechenden Werten S''. Ganz allgemein findet man hier, wie schon erwähnt, die hohe statische Sicherheit bei kurzem Seil, weil $\sigma_{Q'}$ im Vergleich mit einer Maschine mit Unterseil dauernd seinen kleinsten Wert σ_Q behält. Infolge des hohen Wertes von S bei kurzem Seil liegen auch die Absolutwerte von S' erheblich günstiger. Zum Vergleich sind die entsprechenden S'-Kurven einer Maschine mit Unterseil gestrichelt eingetragen, beide treffen sich nur in der tiefsten Stellung der Last, im vorliegenden Fall bei $H = 1000$ m, da das Diagramm für 1000 m Teufe gezeichnet ist, denn entsprechend dem zu Diagramm 1 Gesagten gilt auch dieses Diagramm nur für eine Teufe. Bei kleinerer Teufe wird die schwingende Last Q bei gleicher Seilausnutzung um das in Abzug kommende Seilgewicht größer, also auch die Schwingungsspannung. Es besteht hier eine direkte Abhängigkeit der Schwingungsspannung von der Teufe, und zwar je größer die Teufe, um so günstiger das Verhalten des Seiles bei Schwingungen auch in der höchsten Stellung der Last. Bei Verkleinerung der Teufe verschieben sich die Kurven nach links, derart, daß ihr rechter Endpunkt dauernd auf der entsprechenden, gestrichelten Kurve liegt.

Bezüglich der Spannungssteigerung durch Schwingungen verhält sich also eine Maschine ohne Unterseil mit konischer Trommel wesentlich günstiger als eine solche mit Unterseil. Wäre die Beanspruchung des Seiles maßgebend für die Wahl der Maschine, so wäre eine Maschine mit konischer Trommel die beste Maschine. Gründe ganz anderer Art sprechen aber gegen ihre Verwendung.

d) Zahlenbeispiele.

Beispiel 1. Legt man die Verhältnisse von Fall 2 S. 44 zugrunde und zieht die Maschine mit der üblichen Beschleunigung $p = 1{,}5$ m/sec^2 an, so ergeben sich für ein Seil mit $K_z = 180$ und $S = 7{,}5$ folgende Werte für $\sigma_{\max}$:

1. für $L = 1000$ m.

Nach Diagramm 1 ist $\sigma_G = 1000$ und $\sigma_{Q'} = 1400$ kg/cm^2.

Aus Gleichung 28 erhält man:

$$\sigma_{\max} = (\sigma_Q + \sigma_G)\left(1 + \frac{p}{g}\right) + \sigma_{Q'}\frac{p}{g},$$

$$\sigma_{\max} = 2400\left(1 + \frac{1{,}5}{981}\right) + 1400\,\frac{1{,}5}{981},$$

$$\sigma_{\max} = 2400 \cdot 1{,}153 + 1400 \cdot 0{,}153 = 2984 \text{ kg/cm}^2.$$

Daraus folgt ein Sicherheitsgrad im Augenblick der Schwingung von

$$S' = \frac{18000}{2984} = 6{,}04;$$

2. für $L = L_0$.

In diesem Fall ist nach Diagramm 1: $\sigma_G = 0$ und $\sigma_{Q'} = 2400 = \sigma_{st}$. Gleichung 28 geht daher über in:

$$\sigma_{\max} = \sigma_{st}\cdot\left(1 + \frac{2p}{g}\right) = 2400 \cdot 1{,}306 = 3135 \text{ kg/cm}^2,$$

$$S' = \frac{18000}{3135} = 5{,}74.$$

Beispiel 2. Legt man die Verhältnisse der Gleichung 26 S. 44 zugrunde, so erhält man mit $p = 1{,}5$ m/sec^2

$$\sigma_s = \sigma_{Q'}\sqrt{\frac{2p}{g} + \left(\frac{p}{g}\right)^2} = 0{,}58 \cdot \sigma_{Q'},$$

oder mit $L = L_0$, also $\sigma_{Q'} = \sigma_{st} = 2400$ kg/cm^2.

$$\sigma_{\max} = 2400 \cdot (1{,}15 + 0{,}58) = 2400 \cdot 1{,}73 = 4150 \text{ kg/cm}^2,$$

$$S' = \frac{18000}{4150} = 4{,}34.$$

Beispiel 3. Die Maschine ziehe mit der Beschleunigung $p = 1{,}5$ m/sec² an, die Last Q sei auf einer Aufsetzvorrichtung abgesetzt, das Seil bilde $h = 10$ cm Hängeseil. Wie oben seien ferner $K_z = 180$ und $S = 7{,}5$.

1. $L = 1000$ m. $\sigma_{Q'} = 1400$ kg/cm².

Aus Gleichung 29 erhält man:

$$v_p = \sqrt{2ph} = \sqrt{2 \cdot 150 \cdot 10} = 55 \text{ cm/sec}.$$

Aus Gleichung 25 erhält man:

$$v' = \sqrt{p \cdot \alpha_0 \cdot L \left(2\sigma_{Q'} + \sigma_{Q'} \frac{p}{g}\right)} = \sqrt{p \cdot \alpha_0 \cdot L \cdot \sigma_{Q'} \cdot (2 + p/g)},$$

$$v' = \sqrt{\frac{150 \cdot 100000 \cdot 1400 \cdot \left(2 + \frac{1{,}5}{9{,}81}\right)}{1310000}} = \sqrt{34300} = 185{,}5 \text{ cm/sec},$$

$$v = v' + v_p = 185{,}5 + 55 = 241 \text{ cm/sec}.$$

Mit diesem Wert erhält man aus Gleichung 24:

$$\sigma_{\max} = \sigma_{st}(1 + p/g) + \sigma_{Q'} \frac{v}{\sqrt{\lambda_{Q'} \cdot g}}$$

$$= 2400 \cdot 1{,}153 + \frac{1400 \cdot 241}{324{,}5} = 3810 \text{ kg/cm}^2,$$

$$S' = \frac{18000}{3810} = 4{,}72.$$

2. $L = L_0 = 100$ m. $\sigma_{Q'} = 2400$ kg/cm²,

$$v_p = 55 \text{ cm/sec},$$

$$v' = \sqrt{\frac{150 \cdot 10000 \cdot 2400 \cdot 2{,}153}{1310000}} = \sqrt{5900} = 76{,}8 \text{ cm/sec},$$

$$v = v' + v_p = 131{,}8 \text{ cm/sec},$$

$$\sigma_{\max} = 2770 + \frac{2400 \cdot 131{,}8}{134} = 5130 \text{ kg/cm},$$

$$S' = \frac{18000}{5130} = 3{,}51.$$

3. $L = L_0 = 30$ m. $\sigma_{Q'} = 2400$ kg/cm²,

$$v_p = 55 \text{ cm/sec},$$

$$v' = \sqrt{\frac{150 \cdot 3000 \cdot 2400 \cdot 2{,}153}{1310000}} = \sqrt{1763} = 42 \text{ cm/sec},$$

$$v = v' + v_p = 97 \text{ cm/sec},$$

$$\sigma_{\max} = 2770 + \frac{2400 \cdot 97}{73{,}4} = 5940 \text{ kg/cm}^2,$$

$$S' = \frac{18000}{5940} = 3{,}03.$$

Die Diagramme und die Beispiele lassen erkennen, daß man allen Grund hat, den Betrieb so zu gestalten, daß größere Schwingungsbeanspruchungen[1]) des Seiles vermieden werden. Vorsichtiges Anfahren und vorsichtiges Bremsen ist die erste Voraussetzung eines möglichst schwingungsfreien Betriebes. Beim Anfahren soll die Beschleu-

[1]) Zu dieser Schwingungsbeanspruchung kommt in Wirklichkeit noch eine Stoßwirkung als Folge der Seilmasse hinzu, die hier vernachlässigt werden mußte, da das Seil als masselos vorausgesetzt war. Im folgenden Abschnitt und in Kap. III, 1 wird Gelegenheit sein, darauf einzugehen.

nigung p nicht plötzlich einsetzen, sondern durch allmählichen Anstieg erreicht werden. Ebenso wichtig ist es, die Verzögerung beim Bremsen allmählich anwachsen zu lassen. Am gefährlichsten ist aber die Wirkung des Hängeseiles. Das Ersetzen der Aufsetzvorrichtungen durch bewegliche Anschlußbühnen vermeidet zwar das Hängeseil, es kommen aber neue, wenn auch in der Regel geringere Stoßwirkungen durch das Aufschieben und Wegziehen der Förderwagen hinzu, über die im Folgenden noch einiges gesagt werden wird.

e) **Die gleichmäßig verteilte Seilmasse.** Die Masse des Förderseiles ist bisher nur insofern berücksichtigt worden, als die am Seilende konzentriert gedachte Masse genau wie M_Q mit p beschleunigt werden mußte. An der Schwingung aber hatte sie keinen Anteil, sondern das Seil war als masselos angenommen. Diese Voraussetzung hatte zur Folge, daß die durch die Massenbeschleunigung und Schwingung hervorgerufenen Dehnungen und Spannungen der Zeit nach zwar veränderlich waren, in einem Augenblick aber für alle Querschnitte des Seiles denselben Wert hatten. Das ist in Wirklichkeit nicht der Fall.

Zunächst ist es klar, daß infolge der gleichmäßig verteilten Seilmasse die oberen Seilquerschnitte beim Anziehen der Maschine durch die notwendige Massenbeschleunigung eine erheblich höhere Beanspruchung und also Dehnung erleiden, weil unter ihnen außer Q die gesamte Seilmasse liegt, während die untersten Seilquerschnitte nur die Beschleunigung für die Masse M_Q zu vermitteln haben. Bei einer Stoßbeanspruchung, die von der Trommel ausgeht, hat dies zur Folge, daß eine Schwingungswelle von den oberen, zunächst stärker gespannten Teilen des Seiles nach unten läuft, die dort am Aufhängepunkt des Fördergestells wieder reflektiert wird.

Liegt andererseits die Ursache eines Stoßes im Fördergestell, z. B. das Aufschieben eines Hundes oder das Insseilfallen von Q, so werden gerade die untersten Seilquerschnitte am meisten beansprucht, weil die weiter oben liegenden durch die Trägheitskraft der unter ihnen liegenden Seilmasse mehr oder weniger geschützt werden. Es wird daher jetzt eine Schwingungswelle von unten nach oben im Seil verlaufen, die an den oberen festen Punkten des Seiles, das sind die Auflaufstellen auf die Seilscheibe und Trommel, reflektiert wird. Die Schwingungswellen werden in der Hauptsache longitudinal sein, können aber je nach der Ursache des Stoßes, z. B. wenn durch das Aufschieben eines Hundes ein erhebliches Kippen des Fördergestells eintritt, mit Transversalwellen verbunden sein.

Die Trägheitskräfte der Seilmasse entlasten nach dem Gesagten den durch die statischen Kräfte am meisten beanspruchten Seilquerschnitt, wenn der Stoß vom Fördergestell ausgeht, belasten ihn, wenn die Stoßursache in der Maschine liegt. Die Wirkung dieser Trägheitskräfte wird um so größer sein, je größer die in Frage kommende Seilmasse ist, also bei langen Seilen und bei weniger festem Material. Die Angaben der Diagramme werden daher bei kurzem Seil, wo die Seilmasse gegenüber Q zurücktritt, gut mit der Wirklichkeit übereinstimmen, während bei langen Seilen erhebliche Abweichungen eintreten können, vor allem auch in der Lage des gefährlichen Querschnittes im Augenblick des Stoßes oder der Schwingung. Wichtig ist aber, daß die gefährlichen Spannungen im allgemeinen bei kurzem Seil auftreten, und daß dann die Angaben der Diagramme genügend genau mit der Wirklichkeit übereinstimmen. Bei hochwertigem Material wird entsprechend dem verminderten Seilgewicht die Wirkung der Seilmasse etwas zurücktreten.

Unter den vorkommenden Seilbrüchen findet man häufig Brüche direkt über dem Fördergestell. Das Material wird an dieser Stelle bei der Bildung von Hängeseil durch direkte Stauchung und scharfe Biegung beschädigt und verliert an Festigkeit, so daß hier Brüche auftreten können, auch ohne daß der gefährliche Querschnitt, d. h. der Querschnitt mit den höchsten Spannungen dort liegt.

Die Schwingungswellen führen zu unangenehmen Stauchungen des Seilmaterials (s. Weber, Glückauf 1919, S. 297), besonders an den bezeichneten Reflexionspunkten, und das um so mehr, je fester dieser Punkt ist, d. h. je mehr die Reflexion auf einen bestimmten Punkt beschränkt ist. Als absolut fest in dieser Beziehung wird die Auflaufstelle auf eine Seiltrommel anzusehen sein. Eine gewisse Reflexion wird schon an der Seilscheibe eintreten, da diese bei einer hindurchlaufenden Longitudinalwelle mit bewegt werden muß, und ihre große Masse dieser Bewegung einen Widerstand entgegensetzt. Die Wirkung einer Treibscheibe wird zwischen einer Seilscheibe und Trommel liegen. Eine schwächere Reflexion wird sich an dem verhältnismäßig leicht beweglichen unteren Ende des Seiles, an dem das Fördergestell hängt, bemerkbar machen.

Diese Stauchungen würden von geringerer Bedeutung sein, wenn sie nicht immer die gleiche Stelle des Seiles träfen. Die meisten Stöße treten beim Anfahren, beim Beladen und Entladen des Fördergestells ein, d. h. also jedenfalls wenn das Fördergestell in seiner höchsten oder tiefsten Lage ist. Dann ist aber auch immer dasselbe Seilstück an den oben angeführten Reflexionspunkten. Eine etwas geringere Stauchung wird eintreten, wenn das Fördergestell in seiner tiefsten Lage ist, weil eine eventuelle Schwingungswelle, die vom Fördergestell ausgeht, bei dem langen Weg durch das Seil stark gedämpft wird.

In dem bereits erwähnten Artikel führt Weber eine Reihe von Beispielen an, wo diese Stauchungen allmählich zur Bildung von starken Wulsten im Seil, offenbar durch Zusammenschieben des Hanfseelenmaterials, geführt haben. Diese Wulste nahmen allmählich Abmessungen an, die zur Ablegung des Seiles führten. Es kommt also bei Beurteilung der Beanspruchung eines Seiles nicht allein auf die größten Spannungen an, sondern auf das gesamte innere Arbeiten des Seilmaterials.

Als Ursache von Stößen, die zu Stauchungen führten, gibt Weber außer den bereits erwähnten noch das Einhängen von Lasten an, weil dabei die Maschine gebremst werden muß, was in der Regel ungleichmäßig erfolgt und dadurch die Ursache von Stößen und Schwingungen wird. An und für sich können in diesem Fall die Stöße jede Stelle des Seiles treffen. Aber auch hier wird bald eine gewisse Regelmäßigkeit auftreten, weil der Maschinist, wenn viele Lasten einzuhängen sind, gewohnheitsmäßig immer in der gleichen Stellung der Last die Bremswirkung durch Gegendampf usw. hervorrufen wird. Die Wirkung dieser Stöße wird bei Dampffördermaschinen größer sein als bei elektrischen, weil die letzteren gleichmäßiger gesteuert werden können.

Eine ähnliche Wirkung wie das Einhängen von Lasten hat das Fahren ohne Seilausgleich. Die Seilstatistik lehrt, daß die Seile dann ebenfalls eine geringere Lebensdauer haben.

Wenn auch bei Trommelmaschinen die Stauchung durch die Reflexion von Schwingungswellen nach dem oben Gesagten an sich größer sein wird als bei Treibscheiben, so verhalten sich doch im praktischen Betrieb Trommelmaschinen in dieser Beziehung günstiger als Treibscheiben, weil bei Trommelmaschinen nach den bergpolizeilichen Vorschriften alle drei Monate ein Stück Seil am Einbund desselben zur Materialprüfung abgeschnitten werden muß. Dadurch wird das erste Seilstück nur drei Monate der Beanspruchung durch Schwingungswellen unterworfen, dann nach dem Fördergestell zu verschoben, und an die gefährdete Stelle rückt ein neues Seilstück nach. Eine Verschiebung des Seiles bei Treibscheiben ist nicht möglich, so daß während der ganzen Aufliegezeit immer die gleiche Stelle des Seiles von dieser Beanspruchung getroffen wird.

f) Berücksichtigung der zusätzlichen Beanspruchungen bei der Seilberechnung. Es fragt sich nun, wie weit die hier besprochenen zusätzlichen Beanspruchungen bei der Seilberechnung berücksichtigt werden können und müssen.

Der Wert der tatsächlich vorhandenen Schwingungsspannung ist unbekannt. Die voraufgehende Betrachtung sollte nur zeigen, daß Spannungen dieser Art unvermeidlich sind und daß sie bei unachtsamem Betrieb gefährliche Höhen annehmen können. Der Sicherheitsgrad und die Materialfestigkeit des Seiles müssen so gewählt werden, daß eine genügende Reserve an Tragfähigkeit für diese unbekannten, zusätzlichen Spannungen übrig bleibt. Je weiter die im Betriebe tatsächlich auftretenden Spannungen von der Elastizitätsgrenze des Materials entfernt bleiben, je weniger also dauernde Dehnungen im Draht auftreten, um so größer wird die Haltbarkeit des Seiles sein, wenigstens soweit sie durch die Wirkung der Spannungen begrenzt wird. Allerdings ist ein hoher Sicherheitsgrad nur ein schlechter Schutz gegen starke Stoßbeanspruchung, wie die Diagramme gezeigt haben, weshalb man bei der Wahl eines reichlichen Sicherheitsgrades vorsichtig zu verfahren hat, wie in Kapitel IV 1 ausführlich erläutert werden wird.

Die bisher durchgeführte Seilberechnung berücksichtigt nur die durch die statische Belastung im geraden Seil hervorgerufene Spannung σ_{st}. Von den zusätzlichen Spannungen sind mit einiger Sicherheit rechnerisch faßbar die Biegungsspannung und die beim Anfahren mit der Beschleunigung p auftretende Spannung. Statt σ_{st} kann man also eine Spannung $\sigma = \sigma_{st} + \sigma_b + \sigma_{p'}$ in die Rechnung einführen. Der Unterschied zwischen der berücksichtigten Spannung und der im Betriebe tatsächlich auftretenden Spannung wird dadurch geringer, und also auch die Gefahr des wiederholten Auftretens von Beanspruchungen oberhalb der Elastizitätsgrenze.

Nach der im Früheren gegebenen Theorie ist für ein Seil mit gegebenem Drahtdurchmesser δ die größte Biegungspannung bekannt, sobald der kleinste Radius der Seilscheibe oder Trommel gewählt ist, und $\cos\gamma$ des Seiles gegeben ist. Letzterer ist aber, wie schon früher hervorgehoben, von geringem Einfluß und kann bei den vielfach verwendeten Kreuzschlagseilen an den gefährdetsten Stellen gleich 1 gesetzt werden.

Für die Wahl des Scheiben- und Trommeldurchmessers D findet man in den Handbüchern in der Regel als untere Grenze die Angabe $D = 1000\,\delta$. Meistens wird die Wahl von D nicht ganz unabhängig vom Seildurchmesser d getroffen, da noch eine gewisse Abhängigkeit der Biegungsspannung im Draht vom Seildurchmesser angenommen werden muß, und man fügt die zweite Bedingung hinzu $D = 100\,d$. Der sich aus beiden Beziehungen ergebende größere Wert soll als unterer Grenzwert für D angenommen werden.

Die aus der Beschleunigung p, mit der die Maschine anzieht, folgende Spannung $\sigma_{p'}$ ist, wenn man gleichzeitig die aus der Beschleunigung folgende Schwingung berücksichtigt, für die im Seil hängende Last aus Gl. 28a zu entnehmen:

$$\sigma_p{}' = \sigma_{st} \cdot \frac{2p}{g}\,.$$

Für die ohne Hängeseil abgesetzte Last ist $\sigma_{p'}$ durch Gl. 26 gegeben:

$$\sigma_{p'} = \sigma_s + \sigma_p = \sigma_{st} \cdot \sqrt{\frac{2p}{g} + \left(\frac{p}{g}\right)^2} + \sigma_{st} \cdot \frac{p}{g}\,.$$

In beiden Fällen ist sie bekannt, wenn p gegeben ist. Im ersten Fall ergibt sich nach dem Zahlenbeispiel 1 S. 56 mit dem üblichen Wert $p = 1{,}5$ m/sec²

$$\sigma_{p'} \sim 0{,}3 \cdot \sigma_{st}\,.$$

Im zweiten Fall gibt das Zahlenbeispiel 2 mit $\sigma_{Q'} = \sigma_{st}$ den Wert

$$\sigma_{p'} = \sigma_{st} \cdot (0{,}58 + 0{,}15) = 0{,}73 \cdot \sigma_{st}\,.$$

Im Folgenden soll das im Kapitel II 2 b berechnete Seil durch Einführung der besprochenen zusätzlichen Spannung einer Kontrollrechnung unterworfen werden:

Entsprechend dem gewählten Sicherheitsgrad $S = 7{,}5$ war $\sigma_{st} = k_z = 2400$ kg/cm² und bei einer Maschine mit Unterseil unabhängig von der augenblicklichen Stellung der Last. Durch die Wahl eines in den Konstruktionstabellen enthaltenen fertigen Seiles erhöhte sich der Sicherheitsgrad auf den Wert 8,4. Dadurch sinkt die Spannung auf

$$\sigma_{st} = 2400\,\frac{7{,}5}{8{,}4} = 2140 \text{ kg/cm}^2.$$

Wählt man den Durchmesser $D = 1000 \cdot \delta$, so ergibt das Diagramm in Fig. 13 für die Biegungsspannung den Wert $\sigma_b = 2150$ kg/cm², wenn

$\cos\gamma = 1$. Aus der Beziehung $D = 100 \cdot d$ erhält man in diesem Fall einen größeren Wert für D, da $d = 37$ mm war, also $D = 3700$ mm. Das Verhältnis D/δ wird damit $D/\delta = 1320$ und σ_b aus dem Diagramm

$$\sigma_b = 1630 \text{ kg/cm}^2 .$$

Wird die Last beim Förderbetrieb abgesetzt, so tritt beim Anfahren nach dem oben Gesagten ohne Berücksichtigung von Hängeseil die Schwingungsspannung auf

$$\sigma_{p'} = 0{,}73 \cdot 2140 = 1560 \text{ kg/cm}^2 .$$

Daher ist

$$\sigma = \sigma_{st} + \sigma_b + \sigma_{p'} = 2140 + 1630 + 1560 = 5330 \text{ kg/cm}^2.$$

Der ursprünglich angenommene Wert des statischen Sicherheitsgrades veringert sich damit ganz wesentlich. Es wird

$$S = \frac{18000}{5330} = 3{,}38 .$$

Nun kann aber bei diesem hochwertigen Material die Elastizitätsgrenze mindestens bei etwa 8000 bis 10000 kg/cm² angenommen werden, so daß für eine Vergrößerung der Schwingungsspannung noch eine Reserve von ~ 3500 kg/cm² übrig bleibt. Nimmt man zu diesem Betrag die bereits berücksichtigte Schwingungsspannung von $0{,}58 \cdot \sigma_{st} = 0{,}58 \cdot 2140 = \sim 1240$ kg/cm², so dürfte bei diesem Seil eine gesamte Schwingungsspannung

$$\sigma_s = \sim 4700 \text{ kg/cm}^2$$

auftreten, d. h. $\sigma_s \sim 2{,}2 \cdot \sigma_{st}$.

Diese Spannungsreserve wird für Schwingungen im normalen Betrieb ausreichen, nur durch Hängeseil kann sie leicht überschritten werden, wie die C- u. C'-Kurven des Diagramms 2 Fig. 19 zeigten.

Wählt man einen größeren Scheibendurchmesser von $D = 4000 \cdot \delta$, wie man es bei ausgeführten Anlagen häufig findet, so braucht man nur mit einer Biegungsspannung $\sigma_b = 540$ kg/cm² zu rechnen. Man erspart also ~ 1100 kg/cm² und der Wert der zulässigen maximalen Schwingungsspannung steigt auf

$$\sigma_s \sim 2{,}7 \cdot \sigma_{st} .$$

Danach führt die angegebene statische Berechnung bei hochwertigem Material im allgemeinen zu Seilen, die auch den dynamischen Verhältnissen genügen, vor allem, wenn der Betrieb so eingestellt ist, daß Hängeseil vermieden wird. Bei weniger festem Material liegen die Verhältnisse ungünstiger, weil die Elastizitätsgrenze im Verhältnisse zur Bruchspannung tiefer liegt. In jedem Fall soll man mit der Tragfähigkeit des Materials haushälterisch umgehen. Durch Verminderung der Biegungsspannug kann man wesentliche Beträge sparen. Man wird also die Scheibendurchmesser so groß zu wählen haben, als es andere Konstruktionsrücksichten zulassen.

III. Die Wirkung von Pufferfedern zwischen Seil und Fördergestell.

Es ist eine ganz natürliche Überlegung, durch den Einbau einer Feder zwischen Seil und Fördergestell die Schwingungsspannung ermäßigen zu wollen. Die Wirkung einer solchen Feder soll daher besprochen werden, zumal Federn an der bezeichneten Stelle stets eingebaut sind, wenn das Fördergestell mit einer Fangvorrichtung ausgerüstet ist.

Wie die Rechnung zeigen wird, müssen unterschieden werden: 1. Federn mit unbegrenztem Hub, und 2. Federn, deren Hub durch einen Anschlag begrenzt ist, wobei sowohl die Höchstspannung, wie auch die Mindestspannung oder beide gleichzeitig begrenzt sein können. Die Masse des Förderseiles werde zunächst wieder vernachlässigt.

1. Federn ohne Anschlag.

Die Masse M_Q befinde sich bei Beginn der Beobachtung im Gleichgewicht. Setzt durch einen Stoß plötzlich eine Schwingung ein, so werden durch den Einbau einer Feder die bisherigen Schwingungswege, die aus den Seilverlängerungen λ_{sx} bestanden, um die Längenänderungen λ_{fx} der Feder vergrößert. Es beträgt der neue Schwingungsweg

$$\lambda_{sfx} = \lambda_{sx} + \lambda_{fx}$$

und die größte Amplitude

$$\lambda_{sf} = \lambda_s + \lambda_f .$$

Legt man eine Feder von beliebig großem Hub zugrunde, so daß auch die größte Schwingung von M_Q durch die Feder ohne Anschlag aufgenommen werden kann, und nimmt man Proportionalität zwischen Federkraft und Längenänderung an, so besteht zwischen der Seilspannung σ_{sfx} und der Längenänderung λ_{fx} die Beziehung:

$$34)\qquad \sigma_{sfx} = F \cdot \lambda_{fx} \qquad \text{oder} \qquad \frac{\sigma_{sfx}}{F} = \lambda_{fx} ,$$

wenn F der Proportionalitätsfaktor ist.

Man kann also schreiben:

$$\lambda_{sfx} = \varepsilon_x \cdot L + \frac{\sigma_{sfx}}{F} = \alpha_0 \cdot L \cdot \sigma_{sfx} + \frac{\sigma_{sfx}}{F} ,$$

$$\lambda_{sfx} = \sigma_{sfx} \cdot \left(\alpha_0 \cdot L + \frac{1}{F}\right) .$$

$$35)\qquad \sigma_{sfx} = \frac{\lambda_{sfx}}{\left(\alpha_0 \cdot L + \frac{1}{F}\right)} ,$$

also die größte Schwingungsspannung

36)
$$\sigma_{sf} = \frac{\lambda_{sf}}{\left(\alpha_0 \cdot L + \frac{1}{F}\right)}.$$

Mit diesen Werten nimmt Gl. 19 die Form an:

$$\frac{f}{\alpha_0 \cdot L + \frac{1}{F}} \int_0^{\lambda_{sf}} \lambda_{sfx} \cdot d\,(\lambda_{sfx}) = \frac{Q' \cdot v^2}{2g},$$

$$\frac{\lambda_{sf}^2 \cdot f}{2\left(\alpha_0 L + \frac{1}{F}\right)} = \frac{Q' \cdot v^2}{2g}.$$

37)
$$\lambda_{sf} = v \sqrt{\frac{\sigma_{Q'} \cdot \left(\alpha_0 \cdot L + \frac{1}{F}\right)}{g}}.$$

Setzt man Gl. 37 in Gl. 36 ein, erhält man:

38)
$$\sigma_{sf} = v \sqrt{\frac{\sigma_{Q'}}{g\left(\alpha_0 \cdot L + \frac{1}{F}\right)}}.$$

Ohne eingebaute Feder war die Schwingungsspannung nach Gl. 20 gegeben zu:

$$\sigma_s = v \sqrt{\frac{\sigma_{Q'}}{g \cdot \alpha_0 \cdot L}}.$$

Bei gleichem Wert der Geschwindigkeit v im Schwingungsmittelpunkt erhält man:

39)
$$\frac{\sigma_{sf}}{\sigma_s} = \sqrt{\frac{\alpha_0 \cdot L}{\alpha_0 \cdot L + \frac{1}{F}}} = \varphi,$$

$$\sigma_{sf} = \varphi \cdot \sigma_s.$$

Da φ stets kleiner als 1 ist, wird durch den Einbau einer Feder ohne Anschlag eine Milderung der Schwingungsspannung erreicht. Diese Milderung wird um so merkbarer sein, je kleiner F und je kleiner auch $\alpha_0 \cdot L$ ist. φ ist allein abhängig von $\alpha_0 \cdot L$ und von F. Der Faktor $\alpha_0 \cdot L$ gibt die Eigenfederung des Seiles an. Je geringer die elastischen Dehnungen des Seiles sind, d. h. je kleiner α_0 ist, und je kleiner die Länge L ist, um so härter federt das Seil. F drückt die Weichheit der Feder aus, je kleiner F, um so weicher ist die Feder. Die Wirkung der Feder fällt naturgemäß um so mehr ins Gewicht, je weicher sie im Verhältnis zur Eigenfederung des Seiles ist. Der Dehnungskoeffizient α_0 des Seiles ist von der Konstruktion des Seiles und dem

Material des Drahtes abhängig, schwankt aber im Vergleich zu L nur innerhalb enger Grenzen. Die Federung des Seiles ist im wesentlichen durch seine Länge gegeben. F und L sind daher die beiden Werte, die für die Federung des ganzen Systems maßgebend sind. Das Zusammenarbeiten dieser beiden Größen kommt in der Gleichung 39 für φ noch besser zum Ausdruck, wenn man die Substitution einführt:

$$B = F \cdot L$$

oder

$$\frac{B}{F} = L.$$

Gl. 39 geht damit über in:

$$\text{40)} \qquad \varphi = \sqrt{\frac{\alpha_0 \cdot B}{\alpha_0 \cdot B + 1}} = \sqrt{\frac{B}{B + 1/\alpha_0}}.$$

Man kann φ über B als Basis darstellen, wie im Diagramm 6, Fig. 23 für verschiedene Werte von α_0 geschehen ist.

Da für $B = 0$ auch $\varphi = 0$ ist, entstehen alle Kurven im Koordinatenursprung. Sie steigen dann rasch an und schmiegen sich sehr bald der Parallelen im Abstand 1 zur Abszissenachse an, um asymptotisch mit ihr zusammenzufallen. Wenn φ sich dem Werte 1 nähert, hört praktisch die Wirkung der Feder auf.

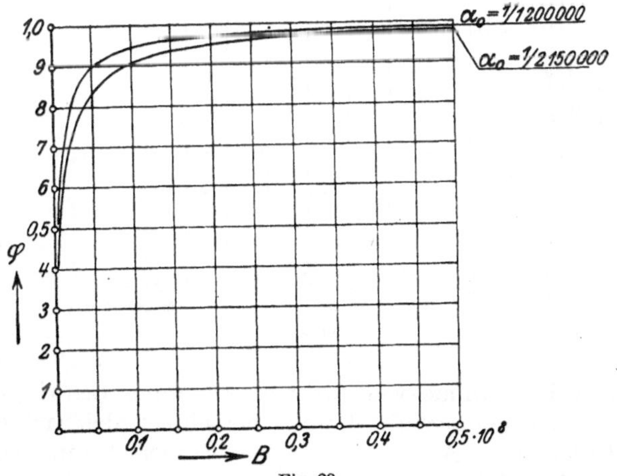

Fig. 23.

Dem Diagramm 6 sind zwei Grenzwerte von α_0 zugrunde gelegt. Bei dem starrsten denkbaren Seil muß sich das α_0 des Seiles dem α des
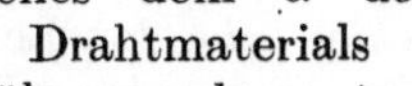
Drahtmaterials nähern, also etwa dem Wert $1/\alpha = 2150000$. Außerdem ist noch der größte praktisch wichtige Wert von α_0 eingetragen, nach Kas $1/\alpha_0 = 1200000$. Beide Kurven unterscheiden sich sehr wenig, und zwar nur in ihrem ersten Teil, d. h. für kurze Seillängen und sehr weiche Federn. Die wirklichen Werte von α_0 sind nur sehr wenig genau bekannt. Man erkennt aber aus den eingetragenen Grenzkurven, daß der Einfluß von α_0 gering ist.

Die φ-Kurven lassen weiter erkennen, daß eine praktisch brauchbare Wirkung der Feder nur bei kurzen Seilen zu erwarten ist. Wenn aber in diesem Fall eine nennenswerte Milderung der Schwingungsspannung zu erzielen ist, so bedeutet das einen großen Gewinn, da die gefährlichen Spannungen gerade bei kurzen Seilen auftreten, während lange Seile durch die eigene Federung bereits sicherer sind.

Ein Auseinanderziehen des ersten, wichtigsten Teiles der φ-Kurven erreicht man durch Darstellung der Gl. 39 über $L = L_0 + H$ als Abszisse, vgl. Diagramm 7, Fig. 24. Eingetragen sind die Kurven für die praktisch wichtigsten Werte von α_0, für eine als hart anzusprechende Feder mit $F = 1000$ und für eine bei den in Betracht kommenden Spannungen verhältnismäßig weiche Feder mit $F = 100$. Nach Gl. 34 bedeutet $F = 100$, daß einer Seilspannung $\sigma = 100$ kg/cm² eine Längenänderung der Feder von 1 cm entspricht. Rechnet man für ein Seil von 18000 kg/cm² Festigkeit mit einer maximalen Spannung von 8000 kg/cm², so müßte die Feder Längenänderungen von 80 cm zulassen, ein Wert, der praktisch schon schwierig zu verwirklichen ist. Diagramm 7 läßt erkennen, daß mit einer Feder $F = 1000$ kein nennenswerter Gewinn mehr zu erreichen ist. Die weiche Feder $F = 100$ gibt bei einer gesamten Seillänge von $L = L_0 + H = 130$ m noch einen Gewinn von etwa 30 % der Schwingungsspannung. Der Einfluß von α_0 ist wieder verhältnismäßig gering.

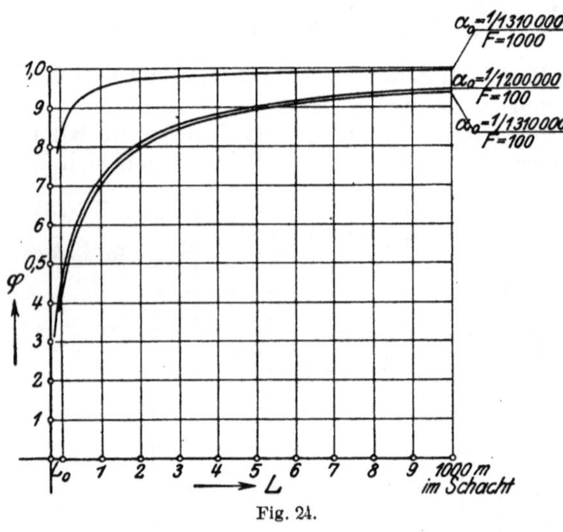

Fig. 24.

Die Voraussetzung der beiden besprochenen Diagramme war die Gleichheit der Schwingungsgeschwindigkeit v im Schwingungsmittelpunkt bei einem gleichartigen Seil mit und ohne Feder, eine Annahme, die bei Stoßerscheinungen während der Fahrt häufig erfüllt ist, z. B. bei Stößen, die das Fördergestell von den Leitbäumen erhält. Legt man aber analoge Verhältnisse zugrunde, z. B. die des Falles 2, S. 44, daß die Last im Seil hängt und die Maschine mit der Beschleunigung p anzieht, so treten auch in dem Ausdruck für v zu den Seilverlängerungen die entsprechenden Längenänderungen der Feder hinzu. Man erhält statt λ_p den Wert

$$\lambda_{p'} = \lambda_p + \lambda_{fp} = \alpha_0 \cdot \sigma_p \cdot L + \frac{\sigma_p}{F} = \sigma_p \left(\alpha_0 \cdot L + \frac{1}{F} \right),$$

$$\lambda_{p'} = \sigma_{Q'} \cdot \frac{p}{g} \left(\alpha_0 \cdot L + \frac{1}{F} \right).$$

Mit diesem Wert geht Gl. 27 über in:

$$v = p\sqrt{\frac{\sigma_{Q'}}{g}\left(\alpha_0 \cdot L + \frac{1}{F}\right)}.$$

Für die Schwingungsspannung σ_{sf} erhält man durch Einsetzen in Gl. 38 den unveränderten Wert:

$$\sigma_{sf} = \sigma_{Q'} \frac{p}{g} = \sigma_s$$

genau wie bei einem Seil ohne Feder. Legt man also bei Seilen mit und ohne Feder gleiche Verhältnisse zugrunde, so tritt sowohl in dem Ausdruck für die Schwingungsgeschwindigkeit v wie für die Schwingungsspannung statt $\alpha_0 \cdot L$ der Ausdruck $\left(\alpha_0 \cdot L + \frac{1}{F}\right)$ auf, woraus dann keine Spannungserniedrigung folgt. Für den Fall, daß die Last Q auf einer Aufsetzvorrichtung abgesetzt ist, das Seil straff hängt, ohne von Q belastet zu sein, ergibt sich daher ebenfalls nach dem oben Gesagten mit und ohne Feder die gleiche Schwingungsspannung. Man darf dabei aber nicht vergessen, daß in diesem Fall sich bei gleicher Stellung der Maschine ohne eingebaute Feder λ_{fQ} cm Hängeseil gebildet hätten, die zu einer wesentlichen Spannungserhöhung geführt hätten. Der Maschinist hat also bei eingebauter Feder um die Längenänderung derselben mehr Spielraum in der Steuerung der Maschine und die Gefahr der Bildung von Hängeseil ist geringer.

Man kann sich fragen, wie groß überhaupt die Gefahr der Bildung von Hängeseil ist, d. h. wie genau der Maschinist die Maschine zu steuern hat, um Hängeseil zu vermeiden. Die notwendige Genauigkeit ist abhängig von den elastischen Dehnungen des Seiles. Legt man ein $1/\alpha_0 = 1\,310\,000$ zugrunde, so entspricht diesem Wert nach der Gleichung $\varepsilon_0 = \alpha_0 \cdot \sigma$ bei einer Spannung $\sigma = \sigma_Q = 1400$ eine Dehnung ε_0 von

$$\varepsilon_0 = \frac{1400}{1\,310\,000} = 0{,}00107\,,$$

$\sigma_Q = 1400$ entspreche nach Diagramm 1, Fig. 18, einer Seillänge $L \sim 1000$ m. Aus der Dehnung ε_0 folgt also eine gesamte Seilverlängerung $\lambda = 1{,}07$ m. Wird das Fördergestell bei 1000 m Seillänge abgesetzt, so kann sich das Seil $\sim$ 1 m zusammenziehen, ehe sich Hängeseil bildet. Der Maschinist hat also für das Anhalten der Maschine am Trommelumfang einen Spielraum von 1 m. Innerhalb dieses Spielraums erhält man für das Einfallen der Last nach dem früheren negativen Werte von h und die Spannungserhöhung bleibt unter σ_Q. Einige cm Hubhöhe einer eingebauten Feder machen in diesem Fall nicht viel aus.

Selbst wenn bei alten, starr gewordenen Seilen α_0 kleiner geworden ist und sich dem $\alpha = \frac{1}{2\,150\,000}$ des Drahtmaterials genähert hat, bleibt noch ein erhebliches Spiel. Man erhält:

$$\varepsilon_0 = \frac{1400}{2\,150\,000} = 0{,}00066$$

und $\lambda = 0{,}66$ m bei 1000 m Seillänge.

Anders liegen die Verhältnisse in der höchsten Stellung der Last, wenn die Seillänge z. B. nur 50 m beträgt. Es wird dann mit $\alpha_0 = \frac{1}{1310000}$ die Verlängerung $\lambda = 5{,}4$ cm und die Gefahr der Bildung von Hängeseil beim Aufsetzen des Fördergestells ist sehr groß. In diesem Fall bedeuten einige Zentimeter Hubhöhe einer Feder einen großen Gewinn bezüglich der Vermeidung von Hängeseil.

In manchen Betrieben mit konischer Trommel wird das auf der Schachtsohle befindliche, mehretagige Fördergestell durch eine eigene Hebevorrichtung ohne Drehung der Maschine gesondert angehoben, um das zeitraubende getrennte Umsetzen der beiden Fördergestelle, das hier notwendig wird, wenn nicht ebensoviel Abzugsbühnen vorhanden sind, als Etagen im Fördergestell, zu vermeiden. Es entsteht dabei natürlich, unabhängig von der Genauigkeit der Steuerung der Maschine, ganz beträchtliches Hängeseil. Das Fördergestell muß dann ebenso, wie es angehoben worden ist, wieder vor dem Anfahren der Maschine herabgelassen werden, wenn größere Stöße vermieden werden sollen. In diesem Fall wird das Hängeseil weniger durch auftretende Stöße schädlich wirken, als durch die scharfen Biegungen, die das untere Seilstück am Einbund erfährt.

Es fragt sich nun, welche Spannungserniedrigung man durch eine Feder erreichen kann, wenn sich trotz der eingebauten Feder Hängeseil gebildet hat.

Man erkennt sie, wenn man in Gl. 31 statt $\alpha_0 \cdot L$ den Wert $\left(\alpha_0 \cdot L + \frac{1}{F}\right)$ einsetzt. Gl. 31 lautet dann:

$$\sigma_{sf} = \sigma_{Q'} \cdot \sqrt{\frac{2h}{\sigma_{Q'}(\alpha_0 \cdot L + 1/F)} + 1} = \sigma_{Q'} \cdot \sqrt{\frac{2h + \sigma_{Q'} \cdot (\alpha_0 \cdot L + 1/F)}{\sigma_{Q'} \cdot (\alpha_0 \cdot L + 1/F)}}.$$

Bildet man wieder das Verhältnis σ_{sf}/σ_s, so erhält man mit

$$\sigma_s = \sigma_{Q'} \cdot \sqrt{\frac{2h}{\sigma_{Q'} \cdot \alpha_0 \cdot L} + 1} = \sigma_{Q'} \cdot \sqrt{\frac{2h + \sigma_{Q'} \cdot \alpha_0 \cdot L}{\sigma_{Q'} \cdot \alpha_0 \cdot L}}$$

$$\frac{\sigma_{sf}}{\sigma_s} = \sqrt{\frac{2h + \sigma_{Q'} \cdot (\alpha_0 \cdot L + 1/F)}{2h + \sigma_{Q'} \cdot \alpha_0 \cdot L} \cdot \frac{\alpha_0 \cdot L}{\alpha_0 \cdot L + 1/F}} = \psi.$$

Führt man wieder die Substitutionen ein $\frac{h}{L} = A$, $h = A \cdot L$ und $F \cdot L = B$, $\frac{L}{B} = \frac{1}{F}$, so ergibt sich:

$$\psi = \sqrt{\frac{2AL + \sigma_{Q'} \cdot L(\alpha_0 + 1/B)}{2AL + \sigma_{Q'} \cdot \alpha_0 \cdot L}} \cdot \sqrt{\frac{\alpha_0 \cdot L}{\alpha_0 \cdot L + L/B}},$$

$$\psi = \sqrt{\frac{2A + \sigma_{Q'} \cdot (\alpha_0 + 1/B)}{2A + \sigma_{Q'} \cdot \alpha_0}} \cdot \sqrt{\frac{\alpha_0}{\alpha_0 + 1/B}},$$

$$\psi = \sqrt{\frac{2A + \sigma_{Q'} \cdot \alpha_0 \frac{B + 1/\alpha_0}{B}}{2A + \sigma_{Q'} \cdot \alpha_0}} \cdot \sqrt{\frac{B}{B + 1/\alpha_0}}$$

Da $\frac{B}{B + 1/\alpha_0} = \varphi^2$, kann man auch schreiben:

41) $$\psi = \varphi \sqrt{\frac{2A + \sigma_{Q'} \cdot \alpha_0 \cdot 1/\varphi^2}{2A + \sigma_{Q'} \cdot \alpha_0}} = \sqrt{\frac{2A\varphi^2 + \sigma_{Q'} \cdot \alpha_0}{2A + \sigma_{Q'} \cdot \alpha_0}}.$$

Es war $\sigma_{sf} = \psi \cdot \sigma_s$ und nach früheren $\sigma_s = C \cdot \sigma_{Q'}$,

also $$\sigma_{sf} = \psi \cdot C \cdot \sigma_{Q'}.$$

Setzt man $\psi \cdot C = C''$, so erhält man, da

$$C = \sqrt{\frac{2h}{\sigma_{Q'} \cdot \alpha_0 \cdot L} + 1} = \sqrt{\frac{2A + \sigma_{Q'} \cdot \alpha_0}{\sigma_{Q'} \cdot \alpha_0}} \text{ war,}$$

42) $$C'' = \sqrt{\frac{2A \cdot \varphi^2}{\sigma_{Q'} \cdot \alpha_0} + 1},$$

43) $$\sigma_{sf} = C'' \cdot \sigma_{Q'}.$$

C'' unterscheidet sich von C nur durch den Faktor φ^2 in der Wurzel.

Die Grenzen des durch Einbau einer Feder Erreichbaren für das Einfallen der Last ins Seil sind jetzt ohne weiteres zu sehen. Für $\varphi = 1$ wird $C'' = C$. Man erhält wieder die im Diagramm 2 Fig. 19 dargestellten C-Kurven. Nach der Bedeutung von φ stellt aber $\varphi = 1$ eine unendlich harte Feder dar, d. h. ein Seil ohne Feder.

Der Gegensatz dazu, die unendlich weiche Feder mit $\varphi = 0$ führt zu $C'' = 1$. Es wird also immer noch $\sigma_{sf} = \sigma_{Q'}$, d. h. es tritt eine Verdoppellung der statischen Belastung durch die Last Q' ein. Durch eine unendlich weiche Feder wird zwar die Wirkung des Hängeseiles vollkommen aufgehoben, es bleibt aber die gleiche Spannungssteigerung übrig, die man auch durch das Einfallen der Last bei straffem Seil, also mit $h = 0$, erhält. In dem Diagramm 2 stellt der Raum zwischen einer C-Kurve und der Horizontalen $C = 1$ den möglichen Gewinn dar.

Es bleibt nun noch übrig festzustellen, ob sich bei den praktisch ausführbaren Federn die C''-Kurven mehr den C-Kurven oder der Horizontalen $C = 1$ nähern. Die Art der φ-Kurven, die für die Bildung von C'' maßgebend sind, lassen erwarten, daß sich C'' mehr den C-Kurven als der Horizontalen $C = 1$ anschmiegt.

Diagramm 8, Fig. 25, bestätigt diese Annahme. Es enthält die C-Kurven für $A = 1/100$ und $1/1000$ wie Diagramm 2 für eine Maschine mit Unterseil. Mit diesen zu vergleichen sind die C''-Kurven, die für zwei Seile ($K_Z = 100$ u. $K_Z = 180$) eingetragen sind. Die C''-Kurven können nicht, wie die C-Kurven über das ganze Diagramm verlaufen, sondern entsprechend den im Diagramm 7 gegebenen φ-Werten nur innerhalb des Geltungsbereiches eines Beispiels, da sie durch den Wert φ die Seillänge L enthalten, ähnlich wie die C'-Kurven des Diagramms 2. Die C''-Kurven sind für die als weich bezeichnete Feder $F = 100$ eingetragen. Man erkennt die kräftige Wirkung bei starkem Hängeseil und kurzem Seil, während bei längerem Seil die Wirkung bald auf einen praktisch unbedeutenden Wert sinkt. Die kürzeste berücksichtigte Seillänge ist $L_0 = 30$ m. Für diesen Wert nähert sich das Ende der C''-Kurve bereits der erreichbaren Grenze $C'' = 1$.

Die endgültige Beurteilung der Wirkung einer Feder ist wiederum nur an Hand der Sicherheitsgrade möglich, die für eine Maschine mit

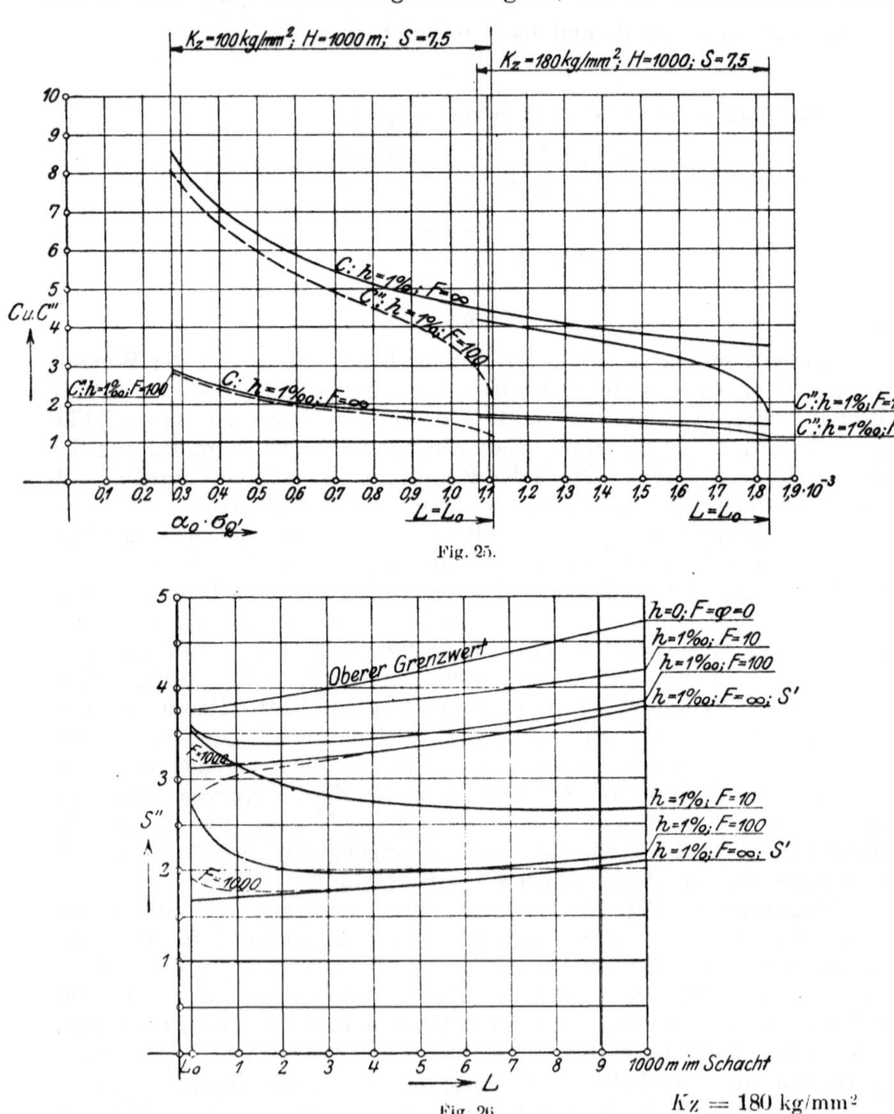

Fig. 25.

Fig. 26. $K_Z = 180$ kg/mm²

Unterseil in den Diagrammen 9 und 10, Fig. 26 und 27, dargestellt sind für zwei Seile mit $K_Z = 180$ und $K_Z = 100$ kg/mm². Diese Diagramme enthalten zunächst die Sicherheitsgrade S', in die der statische Sicherheitsgrad $S = 7{,}5$ im Augenblick der größten Schwingungsbeanspruchung durch Hängeseil übergeht, für die Werte $h = 0$, 1 %, 1 ‰. Mit S' sind die eingetragenen Werte von S'' für $F = 0$, 100, 1000 zu vergleichen. S' für $h = 0$ muß sich nach dem früher Gesagten mit S'' für $F = 0$ decken.

Man erkennt die kräftige Wirkung der weichen Feder $F = 100$ bei kurzem Seil, während bei langem Seil selbst diese weiche Feder keine nennenswerte Änderung von S' verursacht. Die harte Feder $F = 1000$ ruft nur noch bei den kürzesten Seilen eine geringe Abweichung der S''-Kurve von S' hervor.

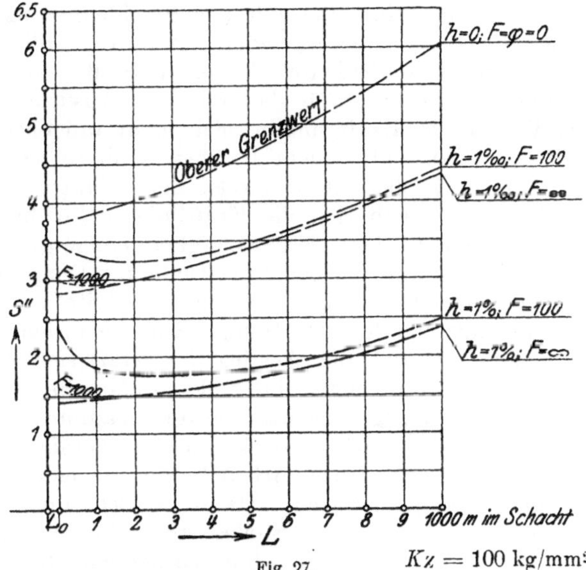

Fig. 27. $K_z = 100$ kg/mm²

Die Kurven für $h = 0 = F = \varphi$ und alle Kurven für endliche Werte von F müssen rein mathematisch für $L = 0$ in dem Punkt $S' = S'' = \frac{S}{2} = 3{,}75$ zusammenlaufen. Ein Vergleich der Diagramme 9 und 10 zeigt, daß sich das hochwertige Material etwas günstiger verhält.

Diagramm 9 enthält außerdem S'' für die sehr weiche Feder $F = 10$, die allerdings praktisch nicht zu verwirklichen ist, da ihr Hublängen von mehreren Metern entsprechen. Die Wirkung wäre bei dieser Feder natürlich sehr kräftig. S'' nähert sich in diesem Fall bei kurzem Seil selbst bei sehr großem Hängeseil der erreichbaren Grenze von $S'' = S/2 = 3{,}75$. Ferner ist in Diagramm 9 noch eine gestrichelte Kurve eingetragen, die sich an S' für $h = 1$ ‰ und $F = \infty$ anschmiegt. Sie stellt den Sicherheitsgrad ohne Feder bei gleicher Stellung der Maschine entsprechend einer Feder $F = 100$ dar, wenn mit eingebauter Feder sich 1 ‰ Hängeseil bildet. Es würde dann, wie schon früher erwähnt, ohne Feder das Hängeseil um die Längenänderung der Feder größer geworden sein, wodurch bei kurzem Seil eine merkliche Änderung des Sicherheitsgrades hervorgerufen würde. Der Nutzen einer Feder wird dadurch noch augenfälliger.

Im Diagramm 4, Fig. 22, sind außer den früher besprochenen Kurven die Werte von S'' eingetragen für die gleichen Fälle wie im Diagramm 9 und 10, aber für eine Maschine ohne Unterseil mit einem Seil von $K_z = 180$ kg/mm². Es liegen hier nicht nur die absoluten Werte der Sicherheitsgrade höher, wie bei einer Maschine mit Unterseil, sondern auch der Gewinn durch die Feder ist größer.

Im Kapitel II, 3 e ist von Stoß- und Schwingungsbeanspruchungen gesprochen worden, die dort beide zusammengefaßt worden waren. Im Zusammenhang mit der Wirkung einer Feder ist der Unterschied zwischen beiden von Bedeutung, weshalb hier einiges darüber gesagt werden soll.

Ein Stoß ist die plötzliche Einwirkung einer Kraft von endlicher Größe. Zieht z. B. die Maschine mit der Beschleunigung $p = 1{,}5$ m/sec² an, wobei die Beschleunigung vom ersten Augenblick an in voller Größe vorhanden ist, so bedeutet das einen Stoß. In einem Kraft-Weg-Diagramm kommt ein Stoß dadurch zum Ausdruck, daß die Kurve, die den Verlauf der Kraft angibt, sich nicht tangential von der Achse abhebt, die Achse also nicht berührt, sondern sie schneidet, wobei der Stoß um so größer ist, je größer der Schnittwinkel ist. Am größten ist der Stoß, wenn sich die Kraftlinie senkrecht abhebt, also sprunghaft mit unendlicher Geschwindigkeit einen größeren Wert annimmt. In allen benutzten Spannungs-Dehnungs-Diagrammen schneidet die Kraftlinie die Achse, setzt also mit einer Stoßwirkung ein. Eine Folge war die auftretende Schwingung. Die eigentliche Ursache der Schwingung war die, daß der Anstieg der Kraft sich nicht deckte mit dem Anstieg der Spannungen im Seil, so daß die von der äußeren Kraft geleistete Arbeit größer war als die Spannungsarbeit des Seiles, weshalb ein Teil der Arbeit als kinetische Energie in die Masse M_Q überging. Nur wenn dieser Arbeitsbetrag in jedem Augenblick null ist, erfolgt keine Schwingung. Da diese Bedingung praktisch nie erfüllt ist, tritt als Folge eines Stoßes stets eine Schwingung auf. Es sind aber auch Schwingungen ohne vorhergehende Stoßwirkung denkbar.

Neben der einsetzenden Schwingung hat aber der Stoß noch andere Folgen, die gerade den Unterschied gegenüber der reinen Schwingungsbeanspruchung ausmachen. Ein charakteristisches Beispiel für eine Stoßbeanspruchung ist das Insseilfallen der Last. An Hand dieses Beispieles soll die Wirkung eines Stoßes weiter besprochen werden. Ist die Last h cm frei gefallen, so hat sie eine bestimmte Geschwindigkeit v angenommen. Im Augenblick, wo das Seil sich strafft, will die Last auf die unteren Teile des Seiles, die bisher in Ruhe waren, die gleiche Geschwindigkeit übertragen. Die Übertragung der Geschwindigkeit ist, da das Seil in Wirklichkeit nicht masselos ist, nur durch die Wirkung von Beschleunigungskräften möglich, die um so größer sein müssen, je kürzer die Zeit ist, in der die Übertragung erfolgen kann, d. h. wie man sagt, je heftiger der Stoß ist. Das unterste Seilstück, das mit der Last zusammen die Strecke h durchfallen ist, also bereits deren Geschwindigkeit hat, muß die sehr beträchtlichen Beschleunigungskräfte vermitteln, erleidet daher durch den Stoß schon vor der einsetzenden Schwingung sehr starke Beanspruchungen. Die Folge der Beschleunigungskräfte, die durch Vermittlung des untersten Seilstückes an den einzelnen Massenelementen des Seiles wirksam werden, ist, daß nach dem Trägheitsgesetz gleich große, aber entgegengesetzt wirkende Trägheitskräfte entstehen, die sich der Bewegung der bis dahin ruhenden Seilteile widersetzen. Nur das unterste Seilstück erleidet daher die großen Dehnungen, fängt bis zu einem gewissen Grade die Masse federnd auf und wird dadurch die Ursache der besprochenen Schwingungswellen, während die Federung des übrigen Seiles durch die Trägheitskräfte mehr oder weniger vollkommen ausgeschaltet ist. Ist nun in diesem Augenblick die Eigenfederung des ganzen Systems gering, so wird sie durch eine eingebaute Feder wesentlich erhöht. Diese wird also vor allem zur Milderung des Stoßes beitragen, und zwar auch bei langen Seilen, während sie dann auf die Schwingung einen geringeren Einfluß hat. Die gleichen Kräfte wirken nicht nur in dem unteren Teil des Seiles, sondern auch in den weiteren Organen, die das Seil mit dem Fördergestell verbinden, und diese werden durch die Feder ebenfalls geschützt.

Ein größerer Vorteil der Feder als ihr Einfluß auf die Schwingung besteht also in der Milderung eines Stoßes infolge ihres ausgleichenden Einflusses auf die Wirkung der gleichmäßig verteilten Seilmaße bezüglich des Auftretens von Schwingungswellen. Bei einer reinen Schwingungsbeanspruchung kann diese Wirkung nicht in gleicher Weise zur Geltung kommen, da während der Schwingung die Beschleunigungskräfte und also auch die Trägheitskräfte erheblich geringer sind, so daß die Eigenfederung des Seiles auf seiner vollen Länge besser erhalten bleibt. Selbstverständlich ist deswegen auch die Wirkung der gleichmäßig verteilten Seilmasse an sich geringer.

Häufig findet man das Unterseil unter Zwischenschaltung einer Feder an dem Fördergestell befestigt. Diese Feder hat im wesentlichen den Zweck, die Befestigung des Unterseiles gegen Stöße zu schützen. Ihre Wirkung auf das Förderseil ist verhältnismäßig gering. Grundsätzlich gilt das Gleiche, was eben über die Federn gesagt worden ist, nur daß als schwingende Masse allein die Masse des Unterseiles, soweit sie im Augenblick der Schwingung an dem einen Fördergestell hängt, in Frage kommt. Eine genauere mathematische Betrachtung ist mit einfachen Mitteln nicht mehr durchführbar, da es sich in diesem Fall um zwei miteinander gekoppelte Systeme handelt.

2. Federn mit Anschlag.

Zu einem Resultat, das auf den ersten Blick vielleicht nicht erwartet wird, führt der Einbau von Federn mit Hubbegrenzung. Sie sollen hier wieder unter Vernachlässigung der gleichmäßig verteilten Masse des Förderseiles besprochen werden, zumal eine Feder mit Hubbegrenzung im Seil vorhanden ist, wenn eine Fangvorrichtung eingebaut ist. Dabei soll zunächst angenommen werden, daß der Maximalhub und also auch die Maximalspannung der Feder durch einen Anschlag begrenzt ist.

Die Ableitung der Gleichungen kann an Hand eines Spannungs-Dehnungs-Diagramms erfolgen, wie es schon früher verwendet worden ist, in dem die Spannungen senkrecht zu den Seilverlängerungen aufgetragen sind.

Im Anschluß an die vorhergehende Betrachtung soll der Ableitung der Fall des Hängeseils zugrunde gelegt werden. Es werden sich daran Erwägungen allgemeinerer Art anknüpfen lassen.

Die Diagramme Fig. 28 und 29 lassen erkennen, daß zunächst zwei Fälle zu unterscheiden sind:

a) Der Federanschlag wird vor Erreichung der Gleichgewichtslage überschritten.

b) Der Federanschlag wird während der Schwingung überschritten.

Zu a. Fällt die Last Q' eine Strecke von h cm ins Seil, so nimmt sie, bezogen auf 1 cm² tragenden Seilquerschnitt eine kinetische Energie auf, die durch das Rechteck $h \cdot \sigma_{Q'}$ (s. Fig. 28) wiedergegeben ist. Ist Q' nun h cm gefallen, so tritt die Längenänderung von Seil und Feder ein. Die Spannung, mit dem Werte Null beginnend, steigt nur allmählich nach einer Geraden an, da die Längenänderungen sich zusammensetzen aus Seil- und Federdehnungen, bis die größte Federspannung $\sigma_{f\max}$, die zum Anschlag führt, erreicht ist (Punkt D). Diese größte Spannung sei gegeben durch $\sigma_{f\max} = x \cdot \sigma_{st}$. Von jetzt ab wird das Seil allein gedehnt, infolgedessen steigen die Spannungen rascher. Die statische Gleichgewichtslage, d. h. der Schwingungsmittelpunkt ist erreicht, wenn die Spannung auf den Wert $\sigma_{Q'}$ gewachsen ist (Punkt E). Die Verlängerung des Seiles beträgt in diesem Augenblick $\lambda_{Q'}$.

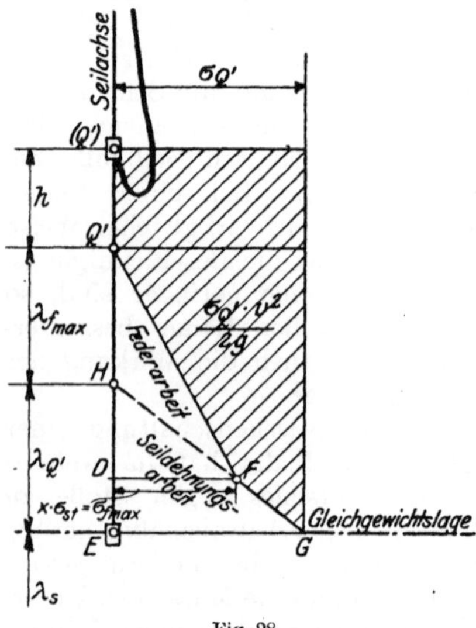

Fig. 28.

Man erhält sie im Diagramm, wenn man die flachliegende Spannungslinie FG, die die Seilspannungen angibt, nach rückwärts bis zum Schnitt mit der Achse der Seilverlängnrungen im Punkte H verlängert. Der Rest der gesamten Verlängerung $Q'E$, also die Strecke $Q'H$ stellt die Längenänderung der Feder dar. Die gesamte kinetische Energie, die Q' aufgenommen hat, ist gleich der gesamten Fallenergie, gegeben durch das ganze Rechteck, vermindert um den Arbeitsbetrag, den das Seil und die Feder aufgenommen haben, gegeben durch die beiden Dreiecke $Q'HF$ und HGE. Die schraffierte Fläche stellt die kinetische Energie $\frac{\sigma_{Q'} \cdot v^2}{2g}$ bezogen auf 1 cm² tragenden Querschnitt dar. Aus ihr läßt sich die Geschwindigkeit v im Schwingungsmittelpunkt berechnen. Es ist:

$$\text{Fallarbeit (Rechteck)} = \sigma_{Q'} \cdot (h + \lambda_{f\max} + \lambda_{Q'}).$$
$$\text{Federarbeit} = {}^1/_2 \sigma_{f\max} \cdot \lambda_{f\max},$$
$$\text{Seildehnungsarbeit} = {}^1/_2 \sigma_{Q'} \cdot \lambda_{Q'}.$$

Ferner gilt:

$$\sigma_{f\max} = x \cdot \sigma_{st},$$

$$\lambda_{f\max} = \frac{\sigma_{f\max}}{F} = \frac{x \cdot \sigma_{st}}{F},$$

$$\lambda_{Q'} = \alpha_0 \cdot L \cdot \sigma_{Q'}.$$

Also: $$\frac{\sigma_{Q'} \cdot v^2}{2g} = \sigma_{Q'}(h + \lambda_{f\max} + \lambda_{Q'}) - {}^1/_2 (\sigma_{f\max} \cdot \lambda_{f\max} + \sigma_{Q'} \cdot \lambda_{Q'}),$$

$$\frac{\sigma_{Q'} \cdot v^2}{g} = 2\sigma_{Q'}\left(h + \frac{x \cdot \sigma_{st}}{F} + \lambda_{Q'}\right) - \frac{x^2 \cdot \sigma_{st}^2}{F} \quad \sigma_{Q'} \cdot \lambda_{Q'},$$

$$v^2 = 2gh + 2g\frac{x \cdot \sigma_{st}}{F} + 2g\lambda_{Q'} - \frac{g \cdot x^2 \cdot \sigma_{st}^2}{F \cdot \sigma_{Q'}} - g \cdot \lambda_{Q'},$$

44) $$v = \sqrt{2gh + \lambda_{Q'} \cdot g + \frac{g \cdot \sigma_{st}}{F}\left(2x - x^2\frac{\sigma_{st}}{\sigma_{Q'}}\right)},$$

v unterscheidet sich von dem in Gl. 30 berechneten durch das letzte Glied, das die Wirkung der Feder mit Anschlag enthält.

Da während der nun einsetzenden Schwingung die Feder durch den Anschlag ausgeschaltet ist, kann die Berechnung der v entsprechenden maximalen Spannung σ_{sf} durch Einsetzen von v in die Gl. 23 erfolgen.

Man erhält:

$$\sigma_{sf} = \sigma_{Q'}\sqrt{\frac{2h}{\lambda_{Q'}} + 1 + \frac{\sigma_{st}}{F \cdot \lambda_{Q'}}\left(2x - x^2\frac{\sigma_{st}}{\sigma_{Q'}}\right)},$$

45) $$\sigma_{sf} = \sigma_{Q'}\sqrt{\frac{2h}{\alpha_0 \cdot L \cdot \sigma_{Q'}} + 1 + \frac{\sigma_{st}}{\alpha_0 \cdot L \cdot \sigma_{Q'} \cdot F}\left(2x - x^2\frac{\sigma_{st}}{\sigma_{Q'}}\right)}.$$

Der Ausdruck unterscheidet sich von dem Wert σ_s in Gl. 31 durch das letzte Glied, dessen Einfluß später besprochen werden soll.

Zu b. Da der Federanschlag erst nach Erreichung der Gleichgewichtslage überschritten wird, gilt für die Berechnung der Geschwindigkeit v in der Gleichgewichtslage dasselbe, wie bei Berechnung der Geschwindigkeit bei einer Feder ohne Anschlag.

Aus der Fig. 29 folgt der einfachere Ansatz:

$$\frac{\sigma_{Q'} \cdot v^2}{2g} = \sigma_{Q'} \cdot h + \frac{\sigma_{Q'}}{2}(\lambda_{Q'} + \lambda_{fQ'}).$$

Ferner ist wieder: $$\lambda_{fQ'} = \frac{\sigma_{Q'}}{F}, \qquad \lambda_{f\max} = \frac{x \cdot \sigma_{st}}{F} = \frac{\sigma_{f\max}}{F},$$

$$\lambda_{Q'} = \alpha_0 \cdot L \cdot \sigma_{Q'}.$$

Also $$v^2 = 2gh + g \cdot (\lambda_{Q'} + \lambda_{fQ'}).$$

46) $$v = \sqrt{2gh + g \cdot \sigma_{Q'}\left(\alpha_0 \cdot L + \frac{1}{F}\right)}.$$

Für die Berechnung der aus v folgenden Schwingungsspannung σ_{sf} steht noch keine Gleichung zur Verfügung, da während der Schwingung der Federanschlag überschritten werden soll. In welcher Weise die kinetische Energie von Seil und Feder aufgenommen wird, ist in der Fig. 29 durch die stark ausgezogenen Dreiecke GHB und HJC angegeben. Man erhält:

Federarbeit: $$A_1 = {}^1/_2 \cdot \sigma_{fs} \cdot \lambda_{fs} = \frac{(x \cdot \sigma_{st} - \sigma_{Q'})^2}{2F}, \quad \sigma_{fs} = \sigma_{f\max} - \sigma_{Q'}$$

Seilarbeit: $$A_2 = {}^1/_2 \cdot \sigma_{sf} \cdot \lambda_s = \frac{\sigma_{sf}^2 \cdot \alpha_0 \cdot L}{2},$$

$$A_1 + A_2 = \frac{\sigma_{Q'} \cdot v^2}{2g},$$

$$\sigma_{sf}^2 = \frac{\sigma_{Q'} \cdot v^2}{g \cdot \alpha_0 \cdot L} - \frac{(x \cdot \sigma_{st} - \sigma_{Q'})^2}{F \cdot \alpha_0 \cdot L}.$$

47) $$\sigma_{sf} = \sqrt{\frac{v^2 \cdot \sigma_{Q'}}{g \cdot \alpha_0 \cdot L} - \frac{(x \cdot \sigma_{st} - \sigma_{Q'})^2}{F \cdot \alpha_0 \cdot L}}.$$

Gl. 47 unterscheidet sich von dem in Gl. 23 gefundenen allgemeinen Wert der Schwingungsspannung für ein Seil ohne Feder um das zweite Glied. Bei einem Seil mit einer Feder, deren Anschlag nach Überschreitung der Gleichgewichtslage erreicht wird, hat sie allgemeine Gültigkeit für jede Schwingung, sofern die Spannung der Gleichgewichtslage $\sigma_{Q'}$ ist. Andernfalls muß an Stelle von $\sigma_{Q'}$ im zweiten Glied der Wert der Spannung eingesetzt werden, die der Gleichgewichtslage entspricht. Im ersten Glied bleibt auch dann $\sigma_{Q'}$ stehen, da hier $\sigma_{Q'}/g$ nur die schwingende Masse $\frac{Q'}{f \cdot g}$ darstellt. Auf den Fall des Hängeseiles wird Gl. 47 erst spezialisiert durch Einsetzen des Wertes von v aus Gl. 46.

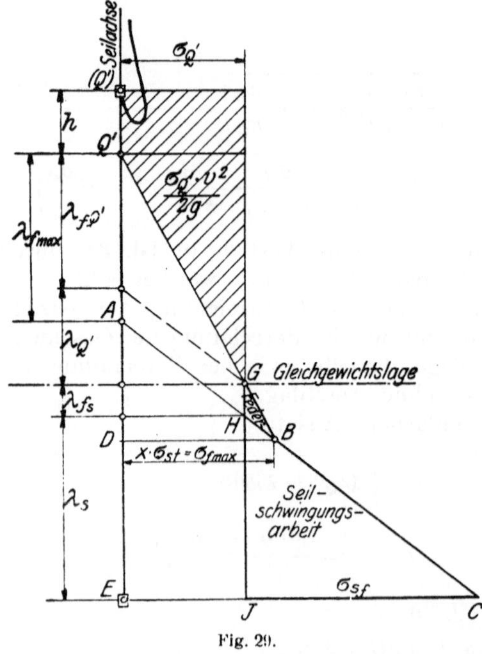

Fig. 29.

Im zweiten Glied in der Wurzel ist x nur innerhalb der engen Grenzen veränderlich, die durch die gemachten Voraussetzungen über die Feder gezogen sind. Danach soll der Anschlag nach Überschreitung der Gleichgewichtslage eintreten.

Die eine Grenze ist also erreicht, wenn der Anschlag gerade in der Gleichgewichtslage erfolgt. Dann ist

$$x \cdot \sigma_{st} = \sigma_{Q'} .$$

Das zweite Glied verschwindet und Gl. 47 geht in die Gl. 23 für ein Seil ohne Feder über. Für den Fall, daß $\sigma_{Q'} = \sigma_{st}$, also in der höchsten Stellung der Last für eine Maschine mit Unterseil, wäre dann $x = 1$.

Den zweiten Grenzwert würde man erhalten, wenn der Anschlag erst am Ende der Schwingung erreicht wird. Dann wird

$$x \cdot \sigma_{st} = \sigma_{Q'} + \sigma_{sf} .$$

Durch Einsetzen dieses Wertes geht Gl. 47 in Gl. 38 für eine Feder ohne Anschlag über. Unter der Voraussetzung, daß wieder $\sigma_Q = \sigma_{st}$ würde x den Wert annehmen

$$x = 1 + \frac{\sigma_{st}}{\sigma_{Q'}} = 1 + \varphi \cdot C .$$

Da der Zähler des zweiten Gliedes in der Wurzel von Gl. 47 als Quadrat stets positiv ist, und ebenso der Nenner, da F stets positiv ist, bedeutet das zweite Glied eine Verkleinerung der Schwingungsspannung. Vergleicht man zwei Schwingungen mit gleicher Geschwindigkeit v in der Gleichgewichtslage bei einem Seil ohne Feder und mit einer Feder, deren Anschlag nach Überschreitung der Gleichgewichtslage erreicht wird, so tritt eine Spannungsermäßigung ein. Der Wert der Spannung liegt zwischen den dargestellten Grenzen entsprechend einem Seil ohne Feder und einem Seil mit Feder ohne Anschlag.

Spezialisiert man Gl. 47 auf den Fall des Hängeseiles durch Einsetzen von Gl. 46, so ergibt sich:

$$\sigma_{sf} = \sqrt{\frac{2h \cdot \sigma_{Q'}}{\alpha_0 \cdot L} + \frac{\sigma_{Q'}^2 \cdot \left(\alpha_0 \cdot L + \frac{1}{F}\right)}{\alpha_0 \cdot L} - \frac{(x \cdot \sigma_{st} - \sigma_{Q'})^2}{F \cdot \alpha_0 \cdot L}} ,$$

$$\sigma_{sf} = \sigma_{Q'} \cdot \sqrt{\frac{2h}{\sigma_{Q'} \cdot \alpha_0 \cdot L} + \frac{\left(\alpha_0 \cdot L + \frac{1}{F}\right)}{\alpha_0 \cdot L} - \frac{1}{F \cdot \alpha_0 \cdot L}\left[x^2\left(\frac{\sigma_{st}}{\sigma_{Q'}}\right)^2 - 2x\frac{\sigma_{st}}{\sigma_{Q'}} + 1\right]} ,$$

$$\sigma_{sf} = \sigma_{Q'} \cdot \sqrt{\frac{2h}{\sigma_{Q'} \cdot \alpha_0 \cdot L} + \frac{\left(\alpha_0 \cdot L + \frac{1}{F}\right)}{\alpha_0 \cdot L} - \frac{1}{F \cdot \alpha_0 \cdot L} + \frac{1}{F \cdot \alpha_0 \cdot L} \cdot \frac{\sigma_{st}}{\sigma_{Q'}}\left(2x - x^2\frac{\sigma_{st}}{\sigma_{Q'}}\right)} ,$$

$$\text{48)} \qquad \sigma_{sf} = \sigma_{Q'} \cdot \sqrt{\frac{2h}{\sigma_{Q'} \cdot \alpha_0 \cdot L} + 1 + \frac{\sigma_{st}}{F \cdot \alpha_0 \cdot L \cdot \sigma_{Q'}}\left(2x - x^2\frac{\sigma_{st}}{\sigma_{Q'}}\right)} .$$

Gl. 48 stimmt mit Gl. 45 überein, stellt also eine Beziehung von allgemeiner Geltung bei Hängeseil dar, unabhängig davon, ob der Federanschlag vor Überschreitung der Gleichgewichtslage oder während der Schwingung erreicht wird.

Im Kap. II, 3c war

$$\sqrt{\frac{2h}{\sigma_{Q'} \cdot \alpha_0 L} + 1} = C \qquad \text{und also} \qquad \sigma_s = C \cdot \sigma_{Q'}$$

gesetzt worden. C stellt die Spannungserhöhung als Folge von Hängeseil beim Einfallen der Last für ein Seil ohne eingebaute Feder dar.

Mit dem Wert C kann man Gl. 48 schreiben:

$$\sigma_{sf} = \sigma_{Q'} \cdot \sqrt{C^2 + \frac{\sigma_{st}}{F \cdot \alpha_0 \cdot L \cdot \sigma_{Q'}} \left(2x - x^2 \frac{\sigma_{st}}{\sigma_{Q'}}\right)}.$$

Oder, wenn man die für eine Feder mit maximaler Hubbegrenzung erhaltene Schwingungsspannung mit σ_{sfa} bezeichnet und die Wurzel mit C'''

50) $$\sigma_{sfa} = C''' \cdot \sigma_{Q'}.$$

Solange die Differenz im zweiten Glied positiv ist, wird die Schwingungsspannung größer als ohne eingebaute Feder. Es wird $C''' = C$, wenn die Differenz gleich null wird, also die Bedingung erfüllt ist:

51) $$2x - x^2 \frac{\sigma_{st}}{\sigma_{Q'}} = 0.$$

Die Bedingung ist erfüllt:

1. Für $x = 0$, d. h. wenn die Feder dauernd am Anschlag liegt und also ausgeschaltet ist.
2. Für $2 = x \frac{\sigma_{st}}{\sigma_{Q'}}$, woraus die größte Federspannung folgt:

52) $$x \cdot \sigma_{st} = 2\sigma_{Q'} = \sigma_{f\max}.$$

Um durch eine Feder mit Begrenzung des größten Hubes bei Hängeseil keine größeren Spannungen zu erhalten, als ohne Feder, müßte die maximale Federspannung gleich $2\sigma_{Q'}$ gewählt werden.

Zwischen den beiden Werten $x = 0$ und $x = 2\frac{\sigma_{Q'}}{\sigma_{st}}$ liegt danach ein Maximum, für das die größten Seilspannungen auftreten. Durch Differentiation der Gleichung

$$2x - x^2 \frac{\sigma_{st}}{\sigma_{Q'}} = 0$$

nach x ergibt sich das Maximum für den Wert

53) $$x \cdot \sigma_{st} = \sigma_{Q'} = \sigma_{f\max}.$$

Gl. 53 war bereits bei Besprechung der Gl. 47 gefunden worden als Voraussetzung dafür, daß der Federanschlag gerade in der Gleichgewichtslage erfolgt. Im Falle der Gl. 47 ergeben sich dann die gleichen Spannungen wie ohne Feder. Hier im Falle des Hängeseiles ergeben sich die größten möglichen Spannungen, größer als ohne Feder. Bei Besprechung der Gl. 47 waren zwei Schwingungen mit gleicher Geschwindigkeit v in der Gleichgewichtslage verglichen worden, dann mußten sich, wenn der Anschlag in der Gleichgewichtslage erfolgt, die Feder also im weiteren Verlauf der Schwingung ausgeschaltet ist, dieselben Spannungen wie ohne Feder ergeben.

Daß aber eine Feder mit Anschlag auch größere Schwingungsspannungen hervorrufen kann, als beim Fehlen jeglicher Feder auftreten, rührt daher, daß, wie aus der voraufgehenden Betrachtung über Federn ohne Anschlag folgt, die Feder infolge des größeren Fallweges bis zur Erreichung der Gleichgewichtslage eine Vergrößerung der Schwingungsgeschwindigkeit v verursacht. Die dadurch vergrößerte kinetische Energie der Last Q' muß im weiteren Verlauf der Schwingung auch von der Feder wieder aufgenommen werden. Dann ergibt sich die gleiche oder unter Umständen die im vorigen berechnete ermäßigte Spannung. Erreicht aber die Feder vor Beendigung der Schwingung ihren Anschlag, dann muß das Seil allein die vergrößerte kinetische Energie aufnehmen, woraus die unter Umständen größere Spannung als ganz ohne Feder folgt.

Wenn also bei Besprechung der Gl. 47 für zwei Seile mit und ohne Feder die gleiche Geschwindigkeit v vorausgesetzt war, so müssen notwendigerweise die Ursachen der beiden verglichenen Schwingungen verschieden stark gewesen sein, und zwar bei dem Seil mit Feder um so viel schwächer, daß die durch die Feder vergrößerte Geschwindigkeit gerade den Wert v beim Seil ohne Feder erreichte. Bei gleichen Ursachen ergibt sich aber, wenn der Federanschlag vor oder in der Gleichgewichtslage erreicht wird stets eine größere Spannung als ohne Feder, die größte, wenn der Anschlag gerade in der Gleichgewichtslage erfolgt. Erst wenn im weiteren Verlauf der Schwingung die Feder noch wirken kann, tritt eine Ermäßigung dieser Höchstwerte ein, bei Hängeseil nach Erfüllung der Gl. 52 bis auf Werte, die kleiner sind als bei einem Seil ohne Feder. Die vergrößerte Geschwindigkeit v erkennt man auch an der Gl. 44, für die eine ähnliche Besprechung gilt, wie eben durchgeführt, da der entscheidende Ausdruck die gleiche Form hat.

Die eben aufgestellten Bedingungen können bei Federn, die für Fangvorrichtungen notwendig sind, nicht erfüllt werden, da hier schon die statische Belastung $\sigma_{Q'}$ die Feder zum sicheren Anschlag bringen muß, um die Fangvorrichtung auszuschalten. Es werden also in diesem Fall größere Spannungen auftreten als ohne Feder, sofern sich während der Schwingung die Feder vom Anschlag abhebt. Die Vergrößerung wird um so merkbarer sein, je kleiner F ist, d. h. je weicher die Feder ist, und je mehr sich die Anschlagsspannung der Gleichgewichtsspannung nähert. Um die schädliche Wirkung praktisch bedeutungslos zu machen, wird man bei Fangvorrichtungen, so weit wie möglich, harte, kurzhubige Federn verwenden müssen. Bezüglich des Hängeseiles muß der Betrieb bei eingebauten Fangvorrichtungen schon an sich so eingestellt sein, daß Hängeseil unmöglich ist, um ein falsches Ansprechen der Vorrichtung zu verhüten.

Die die Spannung vergrößernde Wirkung einer Feder mit Anschlag wird vermieden, wenn die Feder im ersten Teil der Schwingung, bis zur Erreichung der Gleichgewichtslage, ausgeschaltet ist. Zu diesem Zweck müßte die Feder durch einen Anschlag eine Anfangsspannung gleich der Spannung in der Gleichgewichtslage erhalten, also mindestens $\sigma_{Q'}$. Es müßte nicht nur die Höchstspannung der Feder nach oben begrenzt werden, sondern auch die kleinste Spannung, so daß diese selbst bei Hängeseil niemals unter $\sigma_{Q'}$ sinken kann. Die sich dann ergebenden Spannungen sind in Fig. 30 in einem Spannungs-Dehnungs-Diagramm für den Fall des Hängeseiles dargestellt.

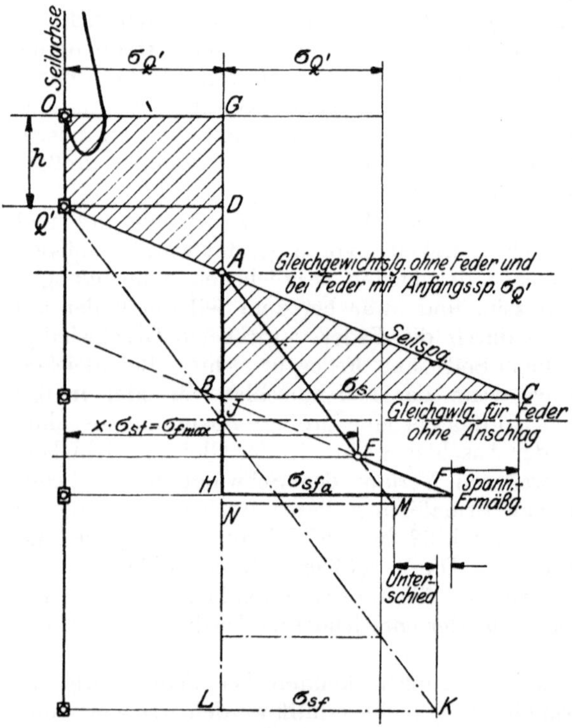

Fig. 30.

Nachdem die Last Q' die Strecke h cm durchfallen hat, dehnt sich das Seil so, als ob die Feder nicht vorhanden wäre, bis die Spannung den Wert $\sigma_{Q'}$, der der Gleichgewichtslage entspricht, erreicht hat. Das Trapez $OQ'AG$ stellt die von der Last Q' auf genommene kinetische Energie dar. Wenn keine Feder im Seil vorhanden wäre, würden die Spannungen nach der gleichen Geraden weiter wachsen, bis das Dreieck ABC flächengleich mit dem Trapez $OGAQ'$ geworden ist. BC stellt die größte zusätzliche Schwingungsspannung σ_s dar. Beim Vorhandensein der oben vorausgesetzten Feder wachsen die Spannungen unterhalb der Gleichgewichtslage langsamer nach der stark ausgezogenen Linie AE, weil zu den Seildehnungen die Längenänderungen der Feder kommen, bis im Punkte E der obere Anschlag der Feder erreicht ist. Ist die Schwingung damit noch nicht beendet, so wachsen jetzt die Spannungen wieder nach der alten Geraden, die der Seildehnung entspricht, da die Feder erneut ausgeschaltet ist, bis zum Punkte F, wo die stark ausgezogene Fläche $AEFH$ wieder gleich dem oberen Trapez $AQ'OG$ geworden ist. HF stellt jetzt die größte Schwingungsspannung σ_{sfa} dar, die natürlich kleiner ist als BC.

Zum Vergleich sind weiter die Spannungen eingetragen, die sich mit der gleichen Feder aber ohne jeden Anschlag ergeben würden. In diesem Fall steigen die Spannungen vom Punkte Q' allmählich nach der Geraden $Q'J \parallel AE$ an, weil sofort zu den Seildehnungen die Längenänderungen der Feder kommen. Im Punkte J wird die neue Gleichgewichtslage erreicht, die erheblich tiefer liegt. Das Trapez $OQ'JG$ stellt jetzt die größere kinetische Energie der Last Q' dar. Die Schwingungsgeschwindigkeit v ist also gegenüber der Feder mit Begrenzung der kleinsten Spannung erheblich gewachsen. Die Spannungen steigen nach derselben Geraden weiter bis zum Punkte K, in welchem das Dreieck JKL flächengleich dem Trapez $JQ'OG$ geworden ist. Die erreichte Schwingungsspannung $\sigma_{sf} = LK$ ist trotz der größeren kinetischen Energie von Q' kleiner als BC, ja sogar als HF, weil die kinetische Energie während der ganzen Schwingung von der Feder und dem Seil zusammen aufgenommen worden ist.

Wäre der obere Anschlag, die Höchstspannung der beiderseits begrenzten Feder, im Punkte E nicht erreicht worden, so wäre die Spannung weiter nach der Geraden AEM gestiegen, bis das Dreieck AMN flächengleich dem Trapez $AQ'OG$ geworden wäre. Man erkennt ohne weiteres, daß man auf diese Weise das günstigste Resultat erhält, das überhaupt mit einer Feder zu erreichen ist. Die sich ergebende Spannung NM ist stets kleiner als bei einer gleichartigen Feder ohne jeden Anschlag. Bei einer solchen war die erreichbare Spannungsermäßigung begrenzt, indem auch bei einer unendlich weichen Feder die Schwingungsspannung mindestens $\sigma_{Q'}$ wurde, also mindestens eine Verdopplung der statischen Spannung eintrat. Bei einer Feder mit einer Anfangsspannung gleich der Gleichgewichtsspannung fällt diese Beschränkung fort. Für eine unendlich weiche Feder würde die Schwingungsspannung null werden, wie aus der Fig. 30 zu erkennen ist, da in diesem Fall der Winkel NAM null würde und das Dreieck NAM zu einer unendlich langen Geraden. Es läßt sich also mit einer solchen Feder je nach ihrer praktisch möglichen Weichheit jede beliebige Spannungsermäßigung erreichen.

Legt man der Fig. 30 die Werte zugrunde:

$$L = 50 \text{ m}, \quad \sigma_{Q'} = 2400 \text{ kg/cm}^2, \quad \alpha_0 = \frac{1}{1300000},$$

so entspricht das gezeichnete Diagramm ungefähr einem $h = 13{,}3$ cm und einer Feder $F = 100$. Mit dieser Feder ergibt sich, wenn die Spannung NM als maßgebend angesehen wird, die Höchstspannung der Feder während der Schwingung also nicht erreicht wird, gegenüber dem Seil ohne Feder eine Spannungsermäßigung von 45%, während mit der gleichen Feder ohne Anfangsspannung nur 30% zu erzielen sind, entsprechend der Spannung LK. Dabei wird durch die Anfangsspannung noch der unangenehme, lange Hub der Feder um $\sim$ 20% verkleinert.

Wenn überhaupt an die Verwendung einer Pufferfeder im Seil gedacht wird, so sollte dieser Feder stets eine genügende Anfangsspannung gegeben werden. Allerdings bedeutet jede Feder eine gewisse Komplikation des Seilbetriebes, die zu Störungen Anlaß geben kann. Jedenfalls muß die Feder bei den regelmäßigen Seilkontrollen besonders beobachtet werden.

IV. Material.

1. Festigkeit des Materials.

Die geschilderten Beanspruchungen des Seiles erfordern ein vorzügliches Material. Der früher allgemein verwendete Eisendraht ist durch Stahldraht vollkommen verdrängt worden. Man verwendet jetzt Tiegelstahl von 120 bis 180 kg/mm² Bruchfestigkeit und sogar noch hochwertigeren Spezialstahl mit Festigkeiten von 200 kg/mm² und darüber.

Der Grund, der zur Verwendung von Stahl führte, war nicht etwa die Ansicht, daß das hochwertige Material an sich geeigneter sei. Im Gegenteil trug man ganz erhebliche Bedenken gegen die Verwendung desselben, weil man annahm, daß infolge der mit der Festigkeit wachsenden Härte des Materials die Biegefähigkeit des Drahtes erheblich leiden würde. Aber die immer größer werdenden Teufen und Nutzlasten zwangen dazu.

Würde man für eine gegebene Teufe ein Seil mit der halben Materialfestigkeit eines früher verwendeten Seiles benutzen wollen, so würde bei gleicher Nutzlast der Querschnitt des Seiles zunächst verdoppelt werden müssen. Da aber das infolge des vergrößerten Querschnittes vermehrte Seilgewicht gleichzeitig als Belastung auftritt, ist eine weitere, wesentliche Vergrößerung des Querschnittes erforderlich. Das Seilgewicht wächst daher nicht einfach der Festigkeit umgekehrt proportional, sondern erheblich rascher. Die im Kap. II, 2b und c berechneten Zahlenbeispiele lassen den Wert der Steigerung erkennen. Eine gleichzeitige Vergrößerung der Teufe würde das Seilgewicht noch rascher wachsen lassen. Die im Kap. II, 2b aufgestellte Hauptgleichung für die statische Seilberechnung und das Diagramm 1 Fig. 18 wiesen bereits auf die größte Teufe hin, die mit einer gegebenen Materialfestigkeit bei gegebener Sicherheit und Nutzlast zu erreichen ist. Ist die Teufe größer, so muß die Nutzlast notwendigerweise verkleinert werden. Das Verhältnis zwischen Nutzlast und Seilgewicht wird also noch ungünstiger. Ein starkes, schweres Seil erfordert aber große, schwere Trommeln und Maschinenwellen, wodurch die schon an sich ungünstigen Beschleunigungsverhältnisse beim Anfahren noch mehr verschlechtert werden. Zur Verbesserung der Beschleunigung müssen die Maschinenabmessungen vergrößert werden. Teuere und unwirtschaftlich arbeitende Maschinen sind die Folge.

Eine Verminderung des Seilgewichtes kann durch Benutzung verjüngter Seile erreicht werden. Aber die Verwendung verjüngter Seile ist bei Rundseilen, sobald Seilausgleich notwendig ist, auf konische oder Spiraltrommeln beschränkt. Diese Trommeln werden in neuerer Zeit wegen ihrer großen Abmessungen, ihres großen Gewichtes und der Schwierigkeiten beim Umsetzen der Fördergestelle wegen vermieden. Die moderne Anordnung mit zylindrischer Trommel oder Treibscheibe verlangt ein zylindrisches Seil. Bei diesen Seilen ist aber eine Verminderung des Eigengewichtes und damit der gesamten toten Last nur durch Erhöhung der Bruchfestigkeit zu erreichen. Wegen des befürchteten Nachlassens der Biegefähigkeit mit wachsender Festigkeit und Härte scheute man sich anfangs den Wert von 120 kg/mm² zu überschreiten.

Die ersten Versuche über die Biegefähigkeit der Stahldrähte hat Rudeloff (Mitteilungen aus den Kgl. techn. Versuchsanstalten) im Jahre 1897 veröffentlicht. Er untersucht Drähte bis $\sim$ 120 kg/mm² Festigkeit und findet, daß die Widerstandsfähigkeit gegen dauernde Biegung mit der Festigkeit des Materials wächst. Er ist aber der Ansicht, daß mit steigender Materialfestigkeit schließlich deren Vorteile gegen die Nachteile zunehmender Sprödigkeit zurücktreten werden. Er überläßt es weiteren Versuchen, festzustellen, bei welcher Festigkeit dieser Umkehrpunkt liegt.

Der Grund für das bessere Verhalten der härteren Drähte bei dauernden Biegungen liegt darin, daß die Elastizitätsgrenze höher liegt, und die Drähte daher bei gleichartigen Biegungen geringere bleibende Dehnungen erleiden, wie weiche Drähte. Diese bleibenden Dehnungen führen aber gerade bei wechselnder Richtung der Biegung zur Zermürbung des Materials.

In neuerer Zeit hat Speer (Glückauf 1912) die Dauerbiegeversuche bis zu einem Material von 211 kg/mm² Festigkeit fortgesetzt. Der von Rudeloff vorausgesagte Umkehrpunkt konnte dabei nicht festgestellt werden.

Herbst (Glückauf 1912) weist aus der Förderseilstatistik 1910 nach, daß Seile von mehr als 180 kg/mm² Festigkeit geringere Lebensdauer haben als die mit Festigkeitszahlen von 160 bis 180 kg/mm². Dagegen haben die letzteren auch in der Praxis größere Lebensdauer und Arbeitsleistung gezeigt als die unter 150 kg/mm² Festigkeit.

So führt Speer (Glückauf 1912) folgende Seile an:

In den Jahren 1892 bis 1901 lagen in der Zeche Graf Moltke II
Seile mit . . . . 145 kg/mm²
Festigkeit durchschnittlich . . . . 301 Tage auf
und leisteten durchschnittlich . . . . . 110 520 tkm.

Im Jahre 1901 wurden zwei Seile mit einer Festigkeit von
175 kg/mm²
aufgelegt, die . . . . 1 107 Tage
gearbeitet und . . . . 576 000 tkm
geleistet haben.

Die ursprüngliche Anschauung, daß das härtere Material von höherer Festigkeit weniger geeignet sei, Biegungen auszuhalten, entspricht also nicht der Wirklichkeit. Die hochwertigen Stahlsorten sind bei sorgfältiger Herstellung ohne Bedenken zu verwenden.

Dagegen ist es nicht ohne weiteres richtig zu sagen, daß das hochwertige Material dem mit geringerer Festigkeit unter allen Umständen überlegen ist. Es sei auf die bereits erwähnte Gefügeänderung hingewiesen, die bei weicherem Material nicht so leicht auftreten kann. Wenn auch die Biegeversuche eine Gefügeänderung, die sich in einer Ermüdung des Materials, d. h. in einem Nachlassen der Festigkeit ausdrückt, erst kurz vor dem Bruch erkennen ließen, so scheint doch eine immer wiederkehrende Stoß- und Schwingungsbeanspruchung ein Sprödewerden und Nachlassen der Festigkeit sicher hervorzurufen. Das Fahren ohne Seilausgleich macht sich nach Fr. Herbst (Glückauf 1912) durch das veränderliche Seilgewicht und die dadurch wechselnde Beschleunigung und Verzögerung bemerkbar, ähnlich wie das Einhängen von Lasten, und drückt die Lebensdauer der härteren Stahlseile herab.

Weber (Glückauf 1919) führt hierzu als Beispiel an, daß bei Trommelmaschinen gerade dann ein erhebliches Nachlassen der Festigkeit nachgewiesen wird, was in der Regel zur Ablegung des Seiles führt, sobald das Seilstück, das zuerst den Auflauf auf die Seilscheibe oder Trommel bildete, wenn das Fördergestell sich in der Hängebank befand, durch das regelmäßige Abhauen von Prüflängen so weit an den Einbund verschoben worden ist, daß es selbst zur Prüfung abgehauen werden muß. Dieses Seilstück war den im vorigen Kapitel geschilderten Beanspruchungen durch Schwingungswellen zuerst unterworfen.

Man wähle also keine unnötig hohen Festigkeitswerte, insbesondere gehe man zu dem teueren Material mit über 180 kg/mm^2 Festigkeit nur über, wenn es die Teufe und die Größe der Lasten erfordern. Überwiegend verwendet wird heute Stahldraht von 150 bis 160 kg/mm^2 Festigkeit, der sich in der Praxis vorzüglich bewährt hat.

Um einen Anhalt für die Rechnung zu haben, gibt Kas (Berg- u. Hüttenm. Jahrbuch der Bergakad. Leoben u. Przibram Band XLIX, S. 97) folgende Grenzwerte an:

Bei Teufen bis 800 m eine Bruchfestigkeit von 120 bis 140 kg/mm^2, und bei Teufen bis 1200 m eine Bruchfestigkeit von 180 bis 210 kg/mm^2. Nach neueren Erfahrungen kann man die Angaben von Kas zum Teil erhöhen und in folgender Weise ergänzen:

Bei Teufen bis 800 m, $Kz =$ (120) 140 bis 160 kg/mm^2,
» » » 1000 m, $Kz =$ 160 » 180 kg/mm^2,
» » » 1200 m, $Kz =$ 180 » 210 kg/mm^2.

Es sind bisher einige wichtige Gesichtspunkte bezüglich der Wahl des Materials zusammengestellt worden, um zunächst einen raschen Überblick zu geben. Die Materialfrage und die Beurteilung der Eignung und Güte eines Seiles sind aber so wichtig, daß sie im Anschluß daran noch einmal von einem anderen Standpunkt aus beleuchtet werden sollen.

Bereits aus dem ersten Teil dieser Betrachtung geht hervor, daß die Frage, ob ein Material oder eine Seilkonstruktion geeignet sind, nicht durch Laboratoriumsversuche restlos gelöst werden kann. Diese müssen sich im wesentlichen auf die Prüfung des Verhaltens eines Seiles gegenüber verschiedenen Spannungen beschränken. Die Faktoren, die im praktischen Betriebe auf die Lebensdauer und die Arbeitsleistung eines Seiles von Einfluß sind, sind außerordentlich mannigfaltig und jedenfalls derartig, daß sie sich im Laboratorium nicht ohne weiteres darstellen lassen. Es kommt bei einem Seil nicht allein darauf an, daß die Lebensdauer möglichst hoch ist, sondern darauf, daß in dieser Zeit das Seil möglichst viel Arbeit geleistet hat. Von praktischem Wert ist dabei ausschließlich die Nutzarbeit, d. h. das Seil soll möglichst viel Material gefördert haben. Um verschieden starke Seile miteinander vergleichen zu können, muß die Nutzarbeit auf den tragenden Querschnitt des Seiles bezogen werden. Bei gleicher Lebensdauer wäre in dieser Beziehung ein Material hoher Festigkeit dem minderwertigen unter allen Umständen überlegen. Nun ist aber außerdem die absolute Lebensdauer in der Regel größer.

Der so gefundene Vergleichswert läßt sich schreiben:

$$\frac{\text{Nutzarbeit}}{\text{Trag. Querschnitt}} = \frac{\text{Nutzlast} \cdot \text{Weg}}{\text{Trag. Querschnitt}} = \text{Spannung} \cdot \text{Weg}$$
$$= \text{Spannungsarbeit.}$$

Der Arbeitsweg ist durch die Teufe und die Zahl der Förderungen, die das Seil ausgehalten hat, gegeben. Die Spannung ist die durch die Nutzlast hervorgerufene Zugspannung. Diese Spannung ist aber nicht, wie die voraufgehenden Rechnungen gezeigt haben, gleichwertig mit der im Seil tatsächlich auftretenden Materialspannung, sondern die letztere ist wesentlich höher. Es kommen noch die Werte hinzu, die der toten Last entsprechen, ferner der Biegungsanstrengung und den auftretenden Schwingungen. Wenn auch die letzteren nur vorübergehend wirken, so können sie doch bei der Bildung eines Vergleichswertes nicht außer Acht gelassen werden, da auf die Lebensdauer eines Seiles nicht die mittleren, sondern gerade die auftretenden Höchstspannungen von entscheidendem Einfluß sind. Die drei Spannungswerte, die zu der Nutzspannung hinzukommen, sind von der gesamten Anlage abhängig, d. h. von der Art der Maschine und den Verhältnissen im Schacht. Wenn sie vernachlässigt werden, so hat der obige Vergleichswert offenbar nur Berechtigung für Seile, die unter den gleichen Verhältnissen, d. h. in demselben Schacht gearbeitet haben. Er stellt also nicht die Güte des Seiles allein dar, sondern ist mehr ein Gütewert der ganzen Anlage. Soll ein solcher für das Seil allein gefunden werden, so müssen die drei Spannungen, die zu der Nutzspannung hinzukommen, berücksichtigt werden. Dies ist möglich bei der Spannung, die der toten Last entspricht, und angenähert bei der Biegungsanstrengung. Dagegen ist die Schwingungsspannung unbekannt und bleibt unberücksichtbar. Es läßt sich daher kein absolut gültiger Vergleichswert finden, und es ist schwer, die Güte von Seilen miteinander zu vergleichen, die in verschiedenen Schächten gearbeitet haben, zumal zu der Wirkung der Spannungen noch als mindestens ebenso wichtiger Faktor für die Begrenzung der

Lebensdauer die Abnutzung hinzukommt, die durch äußeren Verschleiß und durch Rosten verursacht wird, die beide wieder wesentlich abhängig sind von der ganzen Anlage und den Verhältnissen im Schacht. Dagegen bleibt für eine gegebene Anlage natürlich der Grundsatz bestehen, daß das Seil so gewählt werden muß, daß die Nutzarbeit möglichst hoch wird.

Es fragt sich nun, auf welche Mittel die bisherigen Betrachtungen hinweisen, die man zur Verfügung hat, um diesen Arbeitswert möglichst hoch zu machen. Wenn es nur auf die Lebensdauer des Seiles ankäme, könnte man glauben, daß eine Erhöhung der anfänglichen, statischen Sicherheit das Einfachste wäre. Man drückt dadurch die auftretenden Spannungen herab, die ja einen gewissen Einfluß auf die Lebensdauer haben. Man darf dann aber nicht vergessen, daß der Wert der Spannungsarbeit auf die gleiche Lebensdauer bezogen entsprechend kleiner wird. Die Anwendung dieses Mittels hat also nur Sinn, wenn die Lebensdauer um so viel größer wird, daß zunächst der Ausfall an Spannungsarbeit ausgeglichen wird und dann noch ein Gewinn übrig bleibt.

Wenn die Belastung allein aus den statischen Spannungen bestände, könnte man schon eher eine solche Erhöhung der Lebensdauer erwarten. Nun kommen aber als entscheidende Werte die Schwingungsspannungen hinzu, die, wie in Kap. II, 3c gezeigt worden ist, nicht im umgekehrten Verhältnis der Sicherheitsgrade verkleinert werden, sondern verhältnismäßig größer werden, so daß die auftretende Gesamtspannung sich unter Umständen nur unbedeutend von der bei einem Seil mit niedrigem statischen Sicherheitsgrad unterscheidet, vor allem bei den gefährdeten, kurzen Seillängen. In einem Betriebe, in dem häufig Schwingungsbeanspruchungen auftreten, kann also schon deswegen keine entsprechende Vergrößerung der Lebensdauer durch Erhöhung des statischen Sicherheitsgrades erwartet werden. Dazu kommen noch die übrigen Einflüsse der gegebenen Schachtanlage, wie Seilverschleiß und Rosten, die wiederum mehr oder weniger unabhängig vom Sicherheitsgrad sind. Die Erhöhung des Sicherheitsgrades beim Auflegen des Seiles ist also augenscheinlich ein ungeeignetes Mittel, sie wird praktisch stets eine Erniedrigung der Arbeitsleistung des Seiles zur Folge haben. Im gleichen Sinn, aber noch kräftiger wirkt auf die Erniedrigung der Spannungsarbeit die Herabsetzung der Bruchfestigkeit des Materials. Man nimmt dann noch die früher dargelegten ungünstigen Eigenschaften des minderwertigeren Materials in Kauf.

Wenn die Erniedrigung der Spannung nicht zum Ziel führt, so bleibt als einziger Weg nur der umgekehrte übrig, d. h. Erhöhung der Spannung, um in möglichst kurzer Zeit einen großen Arbeitswert zu erhalten. Daraus folgt, Erhöhung der Bruchfestigkeit des Materials und Herabsetzung des statischen Sicherheitsgrades. Selbstverständlich wird ein zu geringer Sicherheitsgrad die Lebensdauer des Seiles so stark herabdrücken, daß der erreichte Arbeitsbetrag wieder kleiner wird. Bei welchem Wert das Maximum liegt, kann nur durch die

Erfahrungen des praktischen Betriebes bestimmt werden. Die Grundlage hierzu gibt die Seilstatistik, auf deren sorgfältige und ausführliche Zusammenstellung von den Betriebsverwaltungen der größte Wert zu legen ist. Die Statistik soll nicht nur alle Angaben des Seiles, wie Konstruktion, Material und Sicherheitsgrad enthalten, sondern auch alles, was zur Charakterisierung des ganzen Förderbetriebes notwendig ist. Dazu gehören: Abmessungen von Trommel und Scheiben, Anordnung derselben, soweit sie auf den Verschleiß des Seiles von Einfluß sind, Angaben über die besonderen Verhältnisse im Schacht, soweit sie eine Wirkung auf das Seil, z. B. auf das Rosten desselben, ausüben und vor allem alle Angaben der Maschine und des ganzen Förderbetriebes, die auf eine Stoßbeanspruchung des Seiles hinweisen, also Art der Maschine, Angaben über die Verwendung von Aufsetzvorrichtungen im Schacht, über die Bremseinrichtung und über die Art des Betriebes, ob viel Lasten eingehängt werden, sowie über regelmäßig wiederkehrende, beobachtete starke Schwingungen im Seil.

In der Ausführung systematischer Versuche in der Praxis über den günstigsten Wert des Sicherheitsgrades ist man durch die bergpolizeilichen Vorschriften über die Wahl desselben beengt. Man muß sich zunächst an die in Kap. II, 2a gegebenen Werte halten. Daß sie nahe an der unteren, möglichen Grenze liegen, zeigte bereits die Rechnung. Denn die untere Grenze, unterhalb deren eine wesentliche Beschränkung der Lebensdauer zu erwarten ist, und wo der Einfluß der Spannungen auf die Lebensdauer entscheidend ist, wird da liegen, wo die auftretenden Höchstspannungen an die Elastizitätsgrenze des Materials heranreichen. Die Höchstspannungen sind aber durch die Schwingungen im Seil bedingt, auf deren Kleinhaltung man also größten Wert zu legen hat. Sind sie durch die Eigenart des Betriebes gering, so zeigte die Rechnung, daß man noch einiges Spiel hat, und daß durch eine Erniedrigung des Sicherheitsgrades eine Erhöhung der Arbeit des Seiles wohl zu erwarten ist. In diesem Fall wird man sich an die untere Grenze der durch die Vorschriften gegebenen Werte halten können.

So folgt wieder aus der Betrachtung, daß für die Bemessung des Seiles Belastung und Material nicht allein maßgebend sind, sondern außerdem die Betriebsverhältnisse, und daß die Arbeitsleistung nicht durch die Güte des Seiles allein bedingt ist, sondern wesentlich beeinflußt wird durch die sorgsame Einstellung des Betriebes, und durch richtige Behandlung und Pflege des Seiles, dazu gehört der möglichste Schutz des Seiles gegen Stoß- und Schwingungsbeanspruchung, gegen äußeren Verschleiß und gegen Rosten. Hält in einem Schacht ein Seil nur kurze Zeit, so soll man die Schuld nicht dem Seil allein zur Last legen und eine Verbesserung etwa durch Erhöhung des statischen Sicherheitsgrades beim Auflegen erreichen wollen, sondern soll in dem gekennzeichneten Sinne die Betriebsverhältnisse untersuchen. Der allgemeine Grundsatz soll sein, den anfänglichen Sicherheitsgrad so niedrig wie möglich zu wählen, nur so viel höher wie den vorgeschriebenen Mindestwert, als er sich in der normalen Betriebszeit erfahrungsgemäß senkt. Um welche Beträge es sich dabei handelt, darüber gibt die Verarbeitung der Seilstatistik von H. Herbst (Glückauf 1919) einigen Anhalt. Er weist aus der Statistik des Breslauer Bezirkes nach, daß der Sicherheitsgrad in trockenen und nassen Schächten bei Trommelmaschinen um 16—18% bis zum Ablegen des Seiles gesunken ist, in Schächten mit sauren und salzigen Wassern um 25—30%. Bei Treibscheiben ist die Abnahme geringer, doch sind die Angaben unsicherer wegen der geringen Zahl der beobachteten Seile. Außerdem kommt es bei der Feststellung des veränderten Sicherheitsgrades vor allem infolge der Beanspruchung durch Schwingungswellen sehr auf die Lage der ausgewählten Meßlänge im Seil an. In der Regel wird ein Stück direkt über dem Einbund genommen. Dieses braucht aber bei Köpescheiben durchaus nicht das am meisten geschwächte Stück zu sein, sondern das letztere kann mehr in der Nähe der Seilscheibe liegen, wenn sich das Fördergestell in der Hängebank befindet. Bei Trommelmaschinen wird in der gleichen Stellung des Fördergestells das ganze Seilstück zwischen Seilscheibe und Einbund infolge der regelmäßigen Verschiebung des Seiles viel gleichmäßiger geschwächt.

Daraus, daß in trockenen und nassen Schächten die gleiche Verringerung des Sicherheitsgrades festgestellt worden ist, folgt aber nicht, daß der nasse Schacht ohne Einfluß auf das Seil gewesen ist, sondern der Zustand des Seiles, der die Ablegung ratsam erscheinen ließ, ist in nassen Schächten erheblich schneller erreicht worden, die Arbeitsleistung war wesentlich geringer.

Ferner folgt aus der Betrachtung, daß die Bruchfestigkeit des Materials so hoch wie möglich zu wählen ist. Das einzige im ersten Teil dieses Paragraphen aufrechtgehaltene Bedenken gegen ein Material von sehr hoher Festigkeit war die Wirkung einer zu befürchtenden Gefügeänderung, die sich in einem Nachlassen der Festigkeit ausdrückt. Die neueren Erfahrungen der Praxis gehen nun mehr und mehr dahin, daß die Wirkung dieser Gefügeänderung nicht von solcher Bedeutung ist, daß sie die Vorteile des hochwertigen Materials aufhebt. Auch die Breslauer Statistik weist nach der Verarbeitung von H. Herbst immer noch eine mit steigender Materialfestigkeit steigende Seilarbeit nach, selbst bei Festigkeiten über 180 kg/mm², obgleich die dort vielfach verwendeten Aufsetzvorrichtungen stärkere Stoßbeanspruchungen vermuten lassen.

Der am Anfang dieses zweiten Teiles der Betrachtung zugrunde gelegte Gesichtspunkt, die Arbeitsleistung des Seiles möglichst hoch zu gestalten, stellte bereits den wirtschaftlichen Standpunkt in den Vordergrund gegenüber dem mehr technischen des ersten Teiles. Vom wirtschaftlichen Standpunkt aus kommt es aber nicht darauf an, die Arbeitsleistung des Seiles an sich steigern, sondern darauf, diese Arbeitsleistung mit dem geringsten Kostenaufwand zu erreichen. Die Grenze liegt also da, wo die Mehrkosten des hochwertigen Materials so groß sind, daß sie durch die größere Arbeitsleistung des Seiles nicht mehr aufgehoben werden. Einen ersten Anhalt für die Wahl des Seilmaterials gibt mehr vom technischen Standpunkt aus die Tabelle auf Seite 84. Die Betriebserfahrung wird dann zeigen, ob man die gewählte Festigkeit noch erhöhen kann.

2. Schutz gegen Rosten.

Dem Schutz des Seiles gegen Rosten kommt eine große Bedeutung zu. Ein ausreichender Schutz ist besonders wichtig, wenn sich das Seil einer genauen Kontrolle entzieht, wie bei Köpescheiben. Die Statistik weist nach, daß eine Reihe von Seilbrüchen gerade bei Köpescheiben durch das Rosten der inneren Drähte verursacht ist. Es dringt also Feuchtigkeit in das Innere des Seiles ein und zerstört die inneren Drähte, ohne daß äußerlich etwas festzustellen ist. Die äußeren Drähte sind überhaupt seltener vom Rost erheblich beschädigt, weil sie einerseits durch das hämmernde Arbeiten des Seiles beim Lauf über Scheibe und Trommel vor Rost etwas geschützt sind, und andererseits noch am ehesten durch die Fettschicht, falls das Seil geschmiert wird. Auf die inneren Drähte wird sich dieser Schutz nur dann erstrecken, wenn die Masse so stark aufgetragen wird, daß alle Lücken des Seiles verschlossen sind. Das wird aber gerade bei Köpeseilen selten der Fall sein, weil diese selten und wenig geschmiert werden, um den Reibungskoeffizienten zwischen Seil und Scheibe nicht zu stark zu vermindern. Aber selbst, wenn durch starkes Auftragen anfänglich alle Lücken verschlossen waren, wird dieser Zustand wegen des dauernden Arbeitens der Drähte im Seilverband nicht erhalten bleiben können. In dieser Beziehung sind die im ersten Kapitel besprochenen patentverschlossenen Seile allen anderen überlegen, weil sie die inneren Drähte vollkommen abschließen.

Die Schwächung des Seiles durch Rosten in einer bestimmten Zeit ist für eine gegebene Schachtanlage offenbar abhängig von der Oberfläche, die das Material im Verhältnis zu seinem tragenden Querschnitt bietet. Diese ist aber vom Durchmesser der Drähte abhängig. Dünne Drähte haben eine verhältnismäßig größere Oberfläche als dicke Drähte. Letztere sind also für nasse Schächte geeigneter als erstere.

Das älteste und verbreitetste Mittel gegen Rosten ist das bereits erwähnte Schmieren des Seiles mit einer fettigen, teerigen Masse. Hauer gibt in seinem Werke »Die Fördermaschinen der Bergwerke« einige Zusammensetzungen für die Masse an. Aber selbst, wenn die Schmierung häufig wiederholt wird, darf man sich keine große Wirkung versprechen. Fr. Herbst (Glückauf 1912) folgert aus der Seilstatistik, daß ein großer Erfolg der Schmierung nicht festzustellen ist, höchstens bei trockenen Schächten. Es liegt dies eben zum Teil daran, daß die inneren Drähte weniger geschützt werden. Vielleicht hat auch die Masse trotz jahrzehntelanger Erfahrung noch nicht die rechte Zusammensetzung. Es ist schwierig, sich über die Wirkung der Schmierung ein gutes Urteil zu bilden, weil es eben schwer ist, wie im letzten Paragraphen erläutert worden ist, einen guten Maßstab zu finden für den Vergleich zweier Seile in verschiedenen Schächten. Auch ein Vergleich mit trockenen Seilen ist kaum möglich, da fast alle Seile schon aus Tradition geschmiert werden, und weil dadurch der innere und äußere Verschleiß des Seiles vermindert wird.

Das zweite Mittel ist das Verzinken oder Verbleien der Drähte. Nur bei wenigen Prozent aller im Betrieb befindlichen Seile wendet man heute dieses Mittel an. Über seine Wirkung ist man sehr geteilter Meinung. Durch die Verzinkung sinkt bei gleichem Seilgewicht die rechnerische Bruchlast um etwa 10 %, wenn man die Materialfestigkeit als unverändert annimmt, oder bei gleicher Tragfähigkeit des Seiles ist das Gewicht für 1 m um ebensoviel größer. Die Gewichtsvermehrung durch Verbleien dürfte noch etwas größer sein. Außerdem sinkt aber, wie schon lange bekannt ist, und wie in neuerer Zeit die Untersuchungen von Speer (Glückauf 1910) wiederum gezeigt haben, durch das Verzinken die Biegefähigkeit des Stahldrahtes um etwa 8 bis 22 %. Die jetzige Herstellungsmethode, bei der eine Erwärmung der Stahldrähte auf 500° und höher eintritt, ruft diese Wirkung hervor. Es scheint sich an der Oberfläche des Drahtes eine spröde Legierung zu bilden, die vor allem die Biegefähigkeit herunterdrückt. Unangenenehm ist auch, daß eine volle Gleichmäßigkeit in der Herstellung schwer zu erziehlen ist, wie schon aus der unterschiedlichen Wirkung auf die Biegefähigkeit zu schließen ist. Etwas besser scheint die Verbleiung zu sein.

Während man früher vor allem als Folge der Verzinkung keine Steigerung der Seilarbeit annahm, weist neuerdings H. Herbst (Glückauf 1919) aus der Seilstatistik doch eine sogar erheblich größere Arbeit des verzinkten oder verbleiten Seiles in nassen Schächten nach. Doch sind die Erfahrungen bei der Schwierigkeit des Vergleiches noch unsicher wegen der geringen Zahl der beobachteten Seile.

3. Materialprüfung.

Die Gefährlichkeit des Förderbetriebs macht es notwendig, daß das Seilmaterial eingehend geprüft wird. Dahin gehen auch die bergpolizeilichen Vorschriften über Seile.

Im allgemeinen muß man verlangen, daß das Material auf alle Belastungsarten hin geprüft wird, durch die es im praktischen Betriebe beansprucht wird. Bei Seilen wäre also eine Prüfung auf Zug, Biegung und Drehung notwendig. Im Gegensatz dazu verlangen die bergpolizeilichen Bestimmungen in der Regel nur eine Prüfung auf Zug und Biegung.

a) Die Zugprobe. Die Zugprobe würde den praktischen Verhältnissen am besten Rechnung tragen, wenn das Seil im Ganzen zerrissen würde. Die Ausführung ist aber von dem Vorhandensein einer größeren Apparatur abhängig. Einfacher ist es, jeden Draht einzeln zu zerreißen. Man erhält dadurch auch ein ins Einzelne gehende Resultat, das sowohl bei der Beurteilung neuer, wie gebrauchter Seile wichtig ist. Bei gebrauchten, mehrfach geflochtenen Seilen kann z. B. festgestellt werden, welche Lagen am meisten an Festigkeit verloren haben. Am besten wäre es also, beide Proben durchzuführen.

Die Bergbehörden schreiben in der Regel nur die Prüfung der einzelnen Drähte vor. Ein Meter lange Stücke sind der Prüfung zu unterwerfen. Dabei werden nach den Vorschriften mancher Bergbaubezirke die Drähte, deren Festigkeit um 20% geringer ist als die Durchschnittsfestigkeit bei der Summierung zur Bestimmung der Tragfähigkeit des Seiles nicht berücksichtigt. Diese Vorschrift bedeutet einen gewissen Ausgleich, da ja, wie schon früher gesagt worden ist, die Summierung der Tragfähigkeit der Drähte einen zu hohen Betrag als Tragfähigkeit des Seiles ergibt. Ebenso darf in der Regel das Seelenmaterial, gleichgültig, ob es aus Hanf oder Metall besteht, nicht als tragendes Material angesehen werden.

b) Die Biegungsprobe. Außer auf Zugfestigkeit sind die Drähte auf genügende Biegefähigkeit zu prüfen. Die Biegeprobe würde der Wirklichkeit entsprechen, wenn die Drähte unter einer gleichzeitigen Zugbelastung, wie sie dem praktischen Betriebe entspricht, einem Dauerbiegeversuch unterworfen würden, bei dem sie um Radien gleich den Trommel- oder Scheibenradien gebogen würden. Die Ausführung solcher Versuche ist aber in der Praxis nicht ohne weiteres möglich, weil sie zu viel Zeit erfordern. Außerdem sind sie von dem Vorhandensein einer komplizierten und teueren Apparatur abhängig. Die vorgeschriebenen Biegeversuche sind daher sogenannte Zerstörungsversuche, bei denen die Drähte um einen Radius von 5 mm gebogen werden. Als eine Biegung zählt dabei die Biegung des Drahtes aus der Senkrechten in die Horizontale und wieder zurück. Die Biegungen erfolgen abwechselnd nach der einen und anderen Seite. Die Zahl der Biegungen, die jeder Draht aushalten muß, ist abhängig vom Durchmesser und liegt zwischen 8 und 4 bei der Änderung des Durchmessers von 2 auf 3 mm. Gewöhnlich sind die in folgender Tabelle angegebenen Biegezahlen vorgeschrieben.

Mindestbiegezahlen bei Drähten für Drahtseile.
Für Drähte mit einem Durchmesser von:

0,0	bis ausschließlich	2,0 mm Φ	= 8	Biegungen.
2,0	„ „ „	2,2 „ „	= 7	„
2,2	„ „ „	2,5 „ „	= 6	„
2,5	„ „ „	2,8 „ „	= 5	„
2,8	und darüber		= 4	„

Da bei diesen Versuchen das Material dauernd über die Proportionalitäts- und Elastizitätsgrenze hinaus beansprucht wird, geben sie zunächst keinen direkten Aufschluß über das Verhalten der Drähte bei den Biegungen des praktischen Betriebes, sondern sie sind nur eine gewisse Probe auf die Zähigkeit des Materials. Es muß erst durch eingehende Dauerbiegeversuche, die den praktischen Verhältnissen entsprechen, nachgewiesen werden, daß sich die Drähte bei beiden Prüfungen gleichartig verhalten. Dies hat Speer in seiner bereits angeführten Arbeit (Glückauf 1912) getan und ist zu einem befriedigenden Resultat gekommen.

Nach den Bestimmungen einiger Bergbaubezirke wird die Tragfähigkeit der einzelnen Drähte bei der Summierung zur Tragfähigkeit des Seiles nur im Verhältnis der vorhandenen Biegefähigkeit eingesetzt.

Hat z. B. ein Draht nur 80% der vorgeschriebenen Biegungen ausgehalten, so wird auch nur 80% seiner Zugfestigkeit in die Rechnung eingesetzt. Nach den Bestimmungen anderer Bezirke wird ein Draht, der eine geringere als die vorgeschriebene Anzahl Biegungen ausgehalten hat, bei der Summierung überhaupt nicht berücksichtigt.

Da die bei der Biegung auftretenden Spannungen wesentlich von der Form des Querschnitts abhängig sind, können bei diesen Zerstörungsversuchen den gleichen Bedingungen auch nur Drähte von gleichem Querschnitt unterworfen werden. Es war daher bei runden Drähten, wie oben angegeben, die Zahl der Biegungen, die jeder Draht aushalten muß, abhängig von dem Durchmesser des Drahtes. Noch wichtiger ist die Beachtung dieses Grundsatzes bei der Prüfung von Profildrähten, wie sie z. B. bei patentverschlossenen Seilen Verwendung finden. In den Vorschriften für die Prüfung dieser Drähte ist eine genaue Angabe über die Lage der Drähte bei der Prüfung notwendig. Die Mindestzahl der auszuhaltenden Biegungen muß außer von den Abmessungen auch von der Lage der Drähte bei der Prüfung abhängig sein. Manche Bergbaubezirke verzichten in diesem Fall auf die Biegeprüfung und schreiben bei Seilen mit Profildrähten die Zerreißprüfung im ganzen Seil vor.

Die besprochenen Materialprüfungen auf Zug und Biegung werden nicht nur vor dem Auflegen des Seiles, sondern fortlaufend je nach den bergpolizeilichen Bestimmungen alle 3 bis 4 Monate ausgeführt. Es wird also der statische Sicherheitsgrad und die Biegefähigkeit des Materials immer von neuem bestimmt. Diese Maßnahme ist notwendig, weil durch äußere und innere Abnutzung, durch Rost, durch Bruch einzelner Drähte und durch Sinken der Materialgüte die Tragfähigkeit des Seiles und damit der Sicherheitsgrad dauernd kleiner wird. Ein Seil wird in der Regel abgelegt, wenn der Sicherheitsgrad bei Produktenförderung auf 6, bei Seilfahrt auf 9 gesunken ist. Bei Trommelmaschinen wird zum Zwecke der Materialprüfung ein 3 m langes Seilstück über dem Einbund herausgeschnitten. Das oberste Meter stellt die Prüflängen dar. Um die Verkürzung des Seiles ausgleichen zu können, ist für die voraussichtliche Lebensdauer des Seiles (rund 2 Jahre) eine genügende Anzahl von Reserveschlägen auf der Trommel vorzusehen.

Es ist nun klar, daß eine solche Untersuchung nur dann ein richtiges Bild von der Veränderung des Sicherheitsgrades geben kann, wenn das am meisten geschwächte Seilstück der Prüfung unterworfen wird. Die Lage desselben im Seil kann innerhalb gewisser Grenzen verschieden sein. Ist mit einer häufigen Bildung von Hängeseil zu rechnen, so wird nach dem früheren in der Regel das unterste Seilstück direkt über dem Einbund das am meisten geschwächte sein, soweit hohe Spannungen in Frage kommen, einerseits wegen der mit Hängeseil verbundenen Stoßbeanspruchung, andererseits wegen der scharfen Biegungen, die das Seilende bei der Bildung von Hängeseil auszuhalten hat. Ist dagegen, sofern keine Aufsetzvorrichtungen benutzt werden, die Bildung von Hängeseil ausgeschlossen, so brauchen nicht in dem untersten Seilstück die größten Spannungen geherrscht zu haben. Zwar wird die Stoßbeanspruchung, die mit dem Aufschieben und Wegziehen der Hunde verbunden ist, wiederum dieses Seilstück vor allem belasten, aber diese Stöße sind wesentlich kleiner als die, die mit dem Hängeseil verbunden sind. Andererseits kommt die Beanspruchung durch Schwingungswellen hinzu, die ihre Hauptwirkung nach den Erfahrungen von Weber, wie früher geschildert worden ist, in der Nähe der Seilscheibe oder Trommel ausübt. Und wenn jetzt die reine Stoßbeanspruchung geringer ist, so kann sehr wohl die Stauchung durch Schwingungswellen überwiegen, während man im ersten Fall vermuten kann, daß die reine Stoßbeanspruchung den größeren Einfluß hat. In beiden Fällen kommt außerdem noch der Verschleiß hinzu, natürlich nur so weit, als das Seil über die Seilscheibe läuft, von dem also das unterste Seilstück vollkommen befreit ist, wodurch die am meisten geschwächte Stelle in noch weiter vom Einbund abliegende Seilteile verschoben werden kann.

Unabhängig von dieser Überlegung ist man aber gezwungen, um das Seil nicht zu stark zu kürzen, das unterste Seilstück als Prüflänge zu nehmen. Man kann also nicht erwarten, stets ein richtiges Bild von der tatsächlichen Sicherheit des Seiles zu erhalten.

Bei Köpeförderung, bei der eine regelmäßige Seilentnahme zum Zwecke der Prüfung überhaupt nicht möglicht ist, wird die Aufliegezeit häufig auf 2 Jahre beschränkt. Eine Verlängerung dieser Zeit bedarf in jedem einzelnen Fall einer besonderen behördlichen Genehmigung.

c) Die Drehprobe. Die Einführung der Prüfung auf Drehung ist insoweit empfehlenswert, als durch sie am schnellsten und sichersten fehlerhaftes, ungeeignetes Material gefunden wird. Schon C. Bach macht in seinem Buche »Elastizitäts- und Festigkeitslehre« auf die Eignung der Drehbeanspruchung zur Prüfung der Materialgüte aufmerksam. Ähnlich wie bei der Biegungsprobe kann es auch hier nur auf einen Zerstörungsversuch ankommen. Ein solcher Versuch ist aber nur bei neuen Seilen durchführbar, da ganz geringe Unstetigkeiten der Oberfläche härterer Drähte, z. B. kleine Scheuerstellen oder geringfügige Anfressungen durch Rost, bei den in einem solchen Versuch auftretenden Spannungen einen so großen Einfluß auf die Drehfestigkeit haben, daß der Draht oft schon bei der ersten Drehung zum Bruche kommt. Auf die Zugfestigkeit hingegen haben diese geringen Unstetigkeiten keinen merkbaren Einfluß, und im praktischen Betriebe ist die Drehbeanspruchung glücklicherweise nicht so groß, daß der Draht ihretwegen zum Bruche käme. Dieses eigentümliche Verhalten der härteren Drähte bei einer starken Drehbeanspruchung mag auch ein Grund sein, weshalb die Bergpolizeibehörden vorläufig von der Einführung der Drehprobe bei Seilen abgesehen haben.

d) Die Seilkontrolle. Neben der regelmäßigen Materialprüfung läuft eine dauernde Seilkontrolle, d. h. eine äußere Besichtigung des Seiles. Im Oberbergamtsbezirk Dortmund unterscheidet man die täglichen Besichtigungen bei einer Seilgeschwindigkeit von 1 m vor Beginn der Seilfahrt, die wöchentlichen bei einer Geschwindigkeit von 0,5 m/sec und die sechswöchentlichen bei derselben Geschwindigkeit, nachdem das Seil vollkommen gesäubert worden ist.

Ein Schadhaftwerden des Seiles zeigt sich in der Regel an dem Reißen einzelner Drähte. Ein einzelner Drahtbruch vermindert die Tragfähigkeit des Seiles nur außerordentlich wenig. Geschwächt wird das Seil nur in unmittelbarer Nähe des Querschnittes, in dem der Draht gerissen ist, aber, da die Anzahl der Drähte meist ziemlich hoch ist, nur in geringem Maße. In den weiter abliegenden Querschnitten ist der Halt des Drahtes im Seilverbande so groß, daß die Tragfähigkeit des gerissenen Drahtes wieder voll zur Geltung kommt. Sind also mehrere Drähte gerissen, so bedeutet das nur dann eine Gefahr, wenn die Bruchstellen alle in der Nähe eines Querschnittes liegen.

Je kürzer die freiliegende Länge des Drahtes ist, um so schwerer können sich die beiden Drahtenden an der Bruchstelle sträuben. Sträuben sie sich, so ist die Bruchstelle leicht bei einer Besichtigung zu sehen, anderenfalls gehört große Aufmerksamkeit dazu, vor allem, wenn das Seil stark geschmiert ist. Deswegen soll auch von Zeit zu Zeit eine Besichtigung des vollständig gesäuberten Seiles erfolgen. Damit die sich sträubenden Enden sich nicht quer über die Nachbardrähte legen und diese beim Lauf über die Seilscheibe oder Trommel beschädigen, müssen sie dort, wo sie aus der Litze heraustreten, kurz abgebrochen werden.

Solche Drahtbrüche, ferner äußere Abnutzung des Seiles, wie Scheuerstellen oder Anfressungen durch Rost, wie auch Veränderungen in der Form des ganzen Seiles sollen durch die Besichtigungen rechtzeitig erkannt werden. Durch diese sorgsame Beobachtung und dauernde Materialprüfung ist es erreicht worden, daß Seilbrüche sehr selten vorkommen. Nach der Statistik ist von 100 abgelegten Seilen eines im Betriebe gebrochen. Dabei haben die meisten Seilbrüche gewaltsame Ursachen gehabt, sie sind also nicht infolge sinkender Seilgüte im normalen Betriebe aufgetreten. Abgelegt werden die Seile, wenn ihr äußerer Zustand es ratsam erscheinen läßt, oder, wenn die Materialprüfung einen kleineren als den vorgeschriebenen Mindestsicherheitsgrad ergibt.